高职高专园林工程技术专业规划教材

园林工程计算机绘图

主　编　吴艳华

副主编　武　新　吴丽娜　夏忠强

中国建材工业出版社

图书在版编目（CIP）数据

园林工程计算机绘图/吴艳华主编 . —北京：中

国建材工业出版社，2013.5

高职高专园林工程技术专业规划教材

ISBN 978-7-5160-0411-1

Ⅰ.①园… Ⅱ.①吴… Ⅲ.①园林-工程施工-计算

机制图-高等职业教育-教材　Ⅳ.①TU986.3-39

中国版本图书馆 CIP 数据核字（2013）第 048661 号

内 容 提 要

本教材包括园林工程计算机绘图常用的 AutoCAD、Photoshop CS 和 3DS MAX
三个软件的基础知识、基本操作技能和案例训练。本书以实用为原则，边学边练，
学练结合，循序渐进，使读者能够轻松入门，在较短时间内熟练掌握计算机辅助园
林工程制图工作所需的知识技能。

本书可作为高职高专院校、本科院校举办的职业技术学院园林工程技术及相关
专业教材以及五年制高职、成人教育园林及相关专业教材，也可供从事园林设计和
制图工作的人员阅读参考。

园林工程计算机绘图

吴艳华　主编

出版发行　中國建材工业出版社

地　　址：北京市西城区车公庄大街 6 号

邮　　编：100044

经　　销：全国各地新华书店

印　　刷：北京雁林吉兆印刷有限公司

开　　本：787mm×1092mm　1/16

印　　张：17.25

字　　数：426 千字

版　　次：2013 年 5 月第 1 版

印　　次：2013 年 5 月第 1 次

定　　价：**39.80 元**

本社网址：www.jccbs.com.cn

本书如出现印装质量问题，由我社发行部负责调换。联系电话：(010) 88386906

本 书 编 委 会

发展出版传媒　服务经济建设

传播科技进步　满足社会需求

我们提供

图书出版、图书广告宣传、企业定制出版、团体用书、会议培训、其他深度合作等优质、高效服务。

编辑部	图书广告	出版咨询	图书销售
010-68342167	010-68361706	010-68343948	010-68001605

jccbs@hotmail.com　　www.jccbs.com.cn

中国建材工业出版社
China Building Materials Press

前　言

　　随着计算机硬件技术的飞速发展和计算机辅助设计软件功能的不断完善，园林工程计算机绘图以高精度、高效率等诸多优势成为许多园林设计工作者的主要工作方式。各级各类企业对掌握计算机辅助园林制图技术的园林设计专业人才的需求也在不断加大，并对园林设计人才提出了更具体的要求。

　　园林工程计算机绘图课程是园林专业的主干课程，通过该课程的学习，能使园林类专业学生掌握必备的使用计算机进行园林规划设计与制图的技能。增强课程的岗位针对性，是园林类专业课程体系改革的必然趋势，具备熟练的计算机制图与设计技能已成为园林规划设计人员从业的基本条件。

　　本书按照培养高技能型园林人才的具体要求，重点进行操作技能和案例的训练，通过案例训练使学生掌握较多的实用知识和技能。力争以这样的教育理念和编写思路，体现高职高专的教学特点，反映最新的园林计算机辅助设计成果，并形成本教材的特色。

　　本书分为平面绘图篇、三维绘图篇、后期处理篇三部分，共十一个项目，详细介绍了 AutoCAD、Photoshop CS 和 3DS MAX 等常用绘图软件的基本知识与实际运用技巧。每一部分内容从浅入深，由三个学习层次构成，形成基础知识、基本操作技能和案例训练三个教学模块。通过基本技能操作和案例训练，使学生能够较好地将学过的基础知识和基本操作技能应用到具体实践中。

　　本教材由辽宁农业职业技术学院吴艳华担任主编，黑龙江职业学院吴丽娜，辽宁农业职业技术学院武新、夏忠强任副主编。编写分工如下：吴艳华编写项目一、项目二、项目三、项目十一技能训练；吴丽娜编写项目五，项目六，项目七，项目八任务一、任务二；武新编写项目九，项目十，项目十一任务一、任务

二、任务三；夏忠强编写项目四、附录；小蚂蚁园林效果图制作工作室井水明，辽宁农业职业技术学院陈献昱、胡军编写项目八技能训练；内蒙古华地方圆设计研究有限责任公司麦拉苏、王伟英、刘晓琳参与了部分图片的处理。全书由吴艳华统稿，辽宁农业职业技术学院常会宁教授和董晓华副教授担任主审。

全书凝聚了许多高职高专院校园林专业和其他相关专业教师的智慧与经验，本书的编写也参阅引用了部分书籍和教材，在此对相关人员一并致以诚挚的感谢。

由于编者水平有限，书中难免存在一些错误和不足，恳请读者批评指正。

编 者

2013 年 1 月

目 录

CONTENTS

CONTENTS

第三部分　Photoshop CS 效果图后期处理篇

CONTENTS

第一部分　AutoCAD 平面绘图篇

项目一　AutoCAD 快速入门

【内容提要】

在运用 AutoCAD 软件绘制园林图纸过程中，掌握其基础知识和基本操作方法，是提高绘图水平和保证图纸质量的重要条件，通过本项目的学习，使同学能够熟悉 AutoCAD 的工作界面，掌握命令的调用方法、图形文件的管理以及辅助绘图工具的使用、绘图环境的设置和图纸打印输出的方法，为绘图和编辑图形打下良好的基础。

【知识点】

AutoCAD 的安装和启动

AutoCAD 系统的工作界面

图形文件的管理

绘图环境和系统参数的设置

【技能点】

会进行命令的调用

设计中心和图层管理的操作

图形打印输出操作

坐标系与坐标输入方法

任务一　认识 AutoCAD

一、AutoCAD 在园林设计中的应用

随着时代的进步，计算机辅助设计和绘图技术发展迅猛，全面取代传统的丁字尺加图板的手工绘图方式已成必然。

AutoCAD 不但具有极高的绘图精度，绘图迅速也是一大优势，特别是它的复制功能非常强，帮助我们从繁重的重复劳动中脱离出来，有更多的时间来思考设计的合理性。

AutoCAD 图形文件可以存储在光盘等介质中，节省存贮费用，并且可复制多个副本，加强资料的安全性。在设计过程中，通过 AutoCAD 可快速准确地调用以前的设计资料，提高设计效率。

网络技术的发展使各地的设计师、施工技术人员可以在不同的地方通过 AutoCAD 方便地对设计进行交流、修改，大大提高了设计的合理性。

二、AutoCAD 安装与启动

（一）AutoCAD 的安装

安装前请关闭所有正在进行的应用程序及防毒软件。

1. 将 AutoCAD 软件光盘插入到计算机的光盘驱动器中。点击其中的"setup. exe"即开始进行安装。

2. 进入中文安装导向，单击"下一步"按钮继续。

3. 按照安装向导提示，一步步继续下去。

4. 安装结束后，系统显示安装完成界面，单击"完成"按钮。

（二）AutoCAD 的启动

AutoCAD 安装完成后会在桌面上生成一个快捷键图标，用鼠标左键双击图标或者在该图标上单击鼠标右键，在弹出的快捷菜单中选择"打开"命令，即可看到 Auto-CAD 的启动画面。也可以通过 Windows 界面任务栏中的"开始"菜单启动，单击依次选择"程序"Autodesk-AutoCAD-Simplified Chinese-AutoCAD 命令，同样可以启动 AutoCAD 软件。

三、AutoCAD 工作界面

AutoCAD 的工作界面按照功能可以分为标题栏、菜单栏、工具栏、绘图区、十字光标、命令行及信息栏、状态栏、工具选项板 8 部分。

（一）标题栏

标题栏位于操作界面的顶部，其左侧主要显示软件名称、文件名称及文件格式，右侧为当前窗口操作指示，有"缩小" ▁ 、"还原" 🗗 和"关闭" ✕ 三个按钮。

（二）菜单栏

菜单栏位于标题栏的下方，主要由"文件、编辑、视图、插入、格式、工具、绘

图、标注、修改、窗口、帮助"共11个主菜单组成，每个主菜单下有若干子菜单。选择任意菜单即可执行相应的命令。这些菜单几乎包括了 AutoCAD 中所有的功能和命令。

1. 【文件】菜单的主要功能是对图形文件进行管理，如新建、打开、保存、打印等。

2. 【编辑】菜单可以对文件的图形进行相应的编辑，如复制、粘贴图形等。

3. 【视图】菜单用来调整绘图的可视形态，如进行视图窗口缩放等。

4. 【插入】菜单是指对图像进行块操作、文件插入或链接等工作。

5. 【格式】菜单可用于设置绘图环境，如图层设置、多线格式等。

6. 【工具】菜单包含了所有辅助工具。

7. 【绘图】菜单包括 AutoCAD 中所有的图形绘制命令。

8. 【标注】菜单中包含了 AutoCAD 中所有标注形式。

9. 【修改】菜单承担用户对所绘制图形进行编辑的任务。

10. 【窗口】菜单管理的是 AutoCAD 绘图窗口信息。

11. 【帮助】菜单可以为 AutoCAD 提供绘图过程中相关疑难的解答办法。

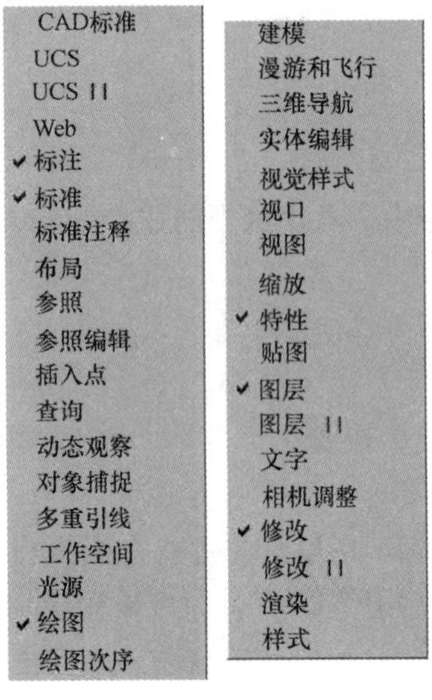

图 1-1　工具栏选项菜单

（三）工具栏

绘图区左侧和上方显示的是工具栏，工具栏是执行命令的快捷方式的集合，每个按钮都代表一个命令。AutoCAD 最常用的是【绘图】、【修改】、【标准】、【图形特性】以及【标注】五个工具栏。利用快捷菜单可以控制工具栏的显示和隐藏，在任意工具按钮上单击鼠标右键，即会弹出如图 1-1 所示的工具栏选项菜单，在该菜单中选择工具栏的名称，使其左侧显示"√"符号，即可使其显示在界面窗口中，取消某工具栏的选择状态，即可隐藏该工具栏。

移动鼠标到工具栏边框上，按住并拖动，可以将工具栏拖到其他地方，并可以改变其形状。

当光标在工具栏图标上作短暂停留时，即出现该图标所代表的命令名称，同时在状态栏显示其功能。

（四）绘图区

AutoCAD 界面中，位于窗口中间的黑色区域都是绘图区（可以通过菜单【工具】/【选项】命令，打开"选项"对话框，选择"显示"选项卡，单击【颜色】按钮，在"图形窗口颜色"对话框中调整绘图区的颜色）。绘图区域实际上无限大，可以通过鼠标轮进行绘图区的平移和缩放（滚动鼠标轮进行缩放；按下鼠标轮进行平移；双击滚轮可使图形在当前窗口最大化显示）。正因为绘图区无限大，我们可以使用1∶1的比例绘图，可省去比例换算的过程。这就是我们常说的1∶1绘图原则。

绘图区左下角显示的是坐标系（UCS）图标。

（五）十字光标

在 AutoCAD 中，光标是以正交十字线形状显示的，所以通常称之为"十字光标"。十字光标的中心代表当前点的位置，移动鼠标即可改变光标的位置，通过选择菜单栏【工具】/【选项】命令，打开"选项"对话框，选择"草图"选项卡来设置光标的捕捉形态和靶框大小。

（六）命令行及信息栏

命令行用于操作人员可以不通过菜单和工具栏，直接输入命令来绘图。信息栏反映用户的使用信息，同时也用于提示用户输入使用指令。

（七）状态栏

状态栏左边显示了十字光标的当前信息，当光标在绘图区时显示其坐标，当光标在工具栏或菜单上时显示其功能及命令。状态栏右侧显示了各种辅助绘图状态。单击可对状态值进行有效/无效设置，按键凸起表示无效，凹陷表示有效。单击鼠标右键，将弹出相应的"设置"菜单。

（八）工具选项板

工具选项板为 AutoCAD 提供方便快捷的工具使用提示。通过选择菜单【工具】/【选项板】/【工具选项板】命令，进入"工具选项板"。工具选项板包括"建模"、"注释"、"命令"、"表格"、"图案"、"结构"、"土木"、"结构"、"建筑"等子选项板。

任务二　AutoCAD 的基本操作和技巧

一、命令调用

AutoCAD 提供了多种命令操作方法，在使用中，用户可以根据自己的熟练程度和操作习惯选择最适合自己的操作方法。

（一）命令的输入与运行

1. 命令的输入

在命令行显示"命令:"提示符时，用以下方法输入命令。

（1）用下拉菜单输入命令

该方法几乎能执行所有 AutoCAD 中的绘图和编辑操作命令。

（2）用工具栏图标输入命令

用鼠标点取工具栏中的图标，即执行该图标对应的命令。

（3）用键盘输入命令

为了简化操作，AutoCAD 提供了很多命令的缩写输入方式，这样只要在命令行输入相应命令的缩写，并进行"确认"（见下述"命令的确认"）来执行命令。

2. 命令执行过程中参数的输入

在命令执行过程中往往需要输入一些选项来控制命令的运行，这些选项常会显示在命令行中，按其提示输入字母后"确认"，即可完成该选项的输入。

命令行中出现的方括号"[ ]"内是可选选项；不同选项间用"/"分隔；圆括号

"（ ）"内是选择该选项需输入的简写字母；"〈 〉"尖括号内是默认值，如接受该值可直接"确认"，否则需输入新值后再"确认"。

3. 命令的确认

在输入命令后，可用以下方法确认。

（1）单击鼠标右键或在弹出的快捷菜单中选择【确定】。

（2）按〈Enter〉键或〈Space〉键确认命令。

（二）命令的重复、中断、撤销与重做

1. 命令的重复

重复执行上一个命令可用以下方法：

（1）按〈Enter〉键或〈Space〉键。

（2）在绘图区单击鼠标右键，在右键菜单中选择【重复××××】命令。

2. 命令的中断

在命令执行的过程中，通常是不能穿插运行其他命令的（透明命令除外），欲中断当前命令的运行可以用键盘上的〈ESC〉键进行。命令中断后，在命令行显示"命令："提示符。

3. 命令的撤消

命令：UNDO(简写 U)；菜单：【编辑】/【放弃】；按钮： ；快捷键：〈Ctrl＋Z〉。

U 命令可以撤消刚才执行过的命令。其使用没有次数限制，可以沿着绘图顺序一步一步后退，直至返回图形打开时的状态。

4. 命令的重做

命令：REDO；菜单：【编辑】/【重做】；按钮： ；快捷键：〈Ctrl＋Y〉。

REDO 命令将刚刚放弃的操作重新恢复。REDO 命令必须在执行完 UNDO 命令之后立即使用，且仅能恢复上一步 UNDO 命令所放弃的操作。

（三）对象的删除和恢复

命令：ERASE（简写 E）；菜单：【修改】/【删除】；按钮： ；快捷键：〈Delete〉。

运行"删除"命令后，命令行提示"选择对象："，此时可以用鼠标逐个选取欲删除的对象，然后"确认"，即可将其删除。

如果需要恢复最后一个被删除的对象，可以用 OOPS 命令完成。

（四）功能键和快捷键

直接按下 AutoCAD 中定义的功能键和快捷键即可执行命令，可节省绘图时间，AutoCAD 中常用的功能键和快捷键见附录 1。

（五）透明命令

透明命令一般都是视图显示命令，如视图缩放 、平移 等都属于透明命令。在执行某种绘图命令的过程中单击鼠标右键，可选择平移或缩放命令进行查看，按〈ESC〉键或单击鼠标右键即退出查看命令，而系统继续执行某种绘图命令。

二、坐标的输入

当用 AutoCAD 进行绘图时，系统经常提示输入点的坐标。坐标的输入可以采用以下几种方法：

　　* 用键盘在命令行键入坐标。

　　* 用鼠标直接在屏幕上点取。

坐标的常用表示方法有以下几种：

（一）绝对直角坐标

绝对坐标是相对于世界坐标系原点的。以小数、分数等方式，输入点的 X、Y、Z 轴坐标值，并用逗号分开的形式表示点坐标，如："20，10，9"。在二维图形中，Z 坐标可以省略，如："20，10"指点的坐标为"20，10，0"，如图 1-2（a）所示。

（二）绝对极坐标

通过输入点到当前 UCS 原点距离，及该点与原点连线和 X 轴夹角来指定点的位置，距离与角度之间用"＜"符号分隔。如：35＜30，如图 1-2（b）所示。

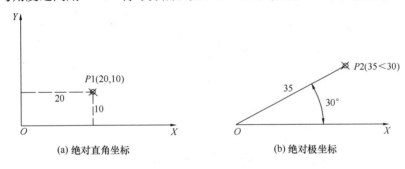

(a) 绝对直角坐标　　　　　　　　(b) 绝对极坐标

图 1-2　绝对坐标图例

（三）相对直角坐标

若要输入相对于上一次输入点的坐标值，只需在点坐标前加上"@"符号即可。如图 1-3（a）所示，点 $P3$ 相对于 $P1$，其坐标可表示为@20，20。

（四）相对极坐标

在绝对极坐标前加"@"即表示相对极坐标。如图 1-3（b）所示，点 $P4$ 相对于 $P2$，其坐标可表示为@20＜60。

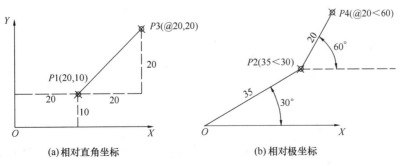

(a) 相对直角坐标　　　　　　　　(b) 相对极坐标

图 1-3　相对坐标图例

三、图形文件管理

文件的管理包括新建图形文件，打开、保存已有的图形文件，以及退出打开文件。

（一）创建新图形文件

输入命令的方法：

* 菜单：【文件】/【新建】；

* 工具栏：标准/▢ 按钮；

* 命令行：NEW 或〈Ctrl＋N〉组合键。

执行命令后，系统直接弹出"选择样板"对话框，如图 1-4 所示。可以通过此对话框选择不同的绘图样板，选择好绘图样板时，系统会在对话框的右上角出现预览，然后单击"打开"按钮即创建出一个新图形文件。

（二）打开图形文件

输入命令的方法：

* 菜单：【文件】/【打开】

* 工具栏：标准/▢ 按钮；

* 命令行：OPEN 或〈Ctrl＋O〉组合键。

执行命令后，系统弹出"选择文件"对话框，如图 1-5 所示，用户可以选择需要打开的文件。"选择文件"对话框中左侧的一列图标是图形打开或存放的路径，它们统称为位置列。展开"打开"按钮旁边的下拉菜单，其中包括 4 种打开方式供选择，可根据需要选择打开方式。

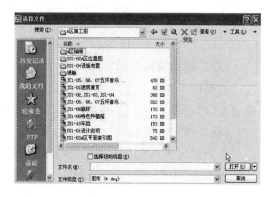

图 1-4　"选择样板"对话框　　　　图 1-5　"选择文件"对话框

（三）保存图形文件

输入命令的方法：

* 菜单：【文件】/【保存】

* 工具栏：标准/▢ 按钮；

* 命令行：SAVE 或〈Ctrl＋S〉组合键。

对于新建文件（没保存过的文件）执行命令后，系统弹出"图形另存为"对话框，如图 1-6 所示，在"保存于"下拉列表框中指定图形文件保存的路径，在"文件名"文本框中输入图形文件名称，在"文件类型"下拉列表中选择图形文件要保存的类型，单击"保存"按钮，完成文件的保存。对于已保存过的文件，执行命令后，则不再打开"图形另存为"对话框，而是按原文件名称保存。如果选择"另存为"命令或在命令行中输入"SAVE AS"，则可以打开"图形另存为"对话框，来改变文件的保存路径、文件名和类型。

图 1-6　"图形另存为"对话框

（四）图形文件加密保护

在 AutoCAD 中，出于对图形文件的安全性考虑，当需要保存文件时可使用密码保存功能，即对指定图形文件执行加密操作。

选择"文件"/"另存为"命令，打开"图形另存为"对话框，选择该对话框右上角的"工具"按钮，打开下拉菜单，选择"安全选项"命令，即可弹出"安全选项"对话框，如图 1-7 所示。在"密码"选项卡中的文本框中输入密码，然后单击"确定"按钮，弹出"确认密码"对话框，如图 1-8 所示，并在文本框中输入密码。

为文件设置密码后，打开加密文件时将先打开"密码"对话框，要求用户输入正确密码，否则将无法打开文件。

图 1-7　"安全选项"对话框　　　　图 1-8　"确认密码"对话框

四、辅助绘图工具

辅助绘图工具位于 AutoCAD 面板的最下方，主要包括捕捉、栅格、正交、极轴追踪、对象捕捉、对象追踪、DUCS（动态坐标）、DYN（动态输入）、线宽、模型。通过鼠标单击这些按钮来打开或关闭它们，也可用相应的功能键（见附录1）。

如果要实现精确绘图，在 AutoCAD 绘图过程中可以根据原图的实际情况来进行辅助绘图的设置。通过单击相应的按钮，执行打开或关闭功能。也可以在按钮上单击鼠标右键，在弹出的快捷菜单中选择【设置】命令，打开"草图设置"对话框，根据提示进行相应的设置。

（一）正交模式

打开正交模式，此时只能绘制垂直直线和水平直线。

（二）对象捕捉

在图形绘制过程中，常需要根据已有的对象来确定点坐标，对象捕捉可以帮助我们快速、准确定位图形对象中的特征点，提高绘图的精度和工作效率。

1. 一次性捕捉

一次性捕捉是指：在某一命令执行中临时选取捕捉对象某一特征点，捕捉完成后，该对象捕捉功能就自动关闭。通过〈Shift＋鼠标右键〉调出的快捷菜单，如图 1-9（a）所示。

将鼠标放在工具栏上，按鼠标右键可打开【对象捕捉】工具栏，可见各种捕捉按钮。

2. 对象捕捉模式

一次性捕捉方式在每次进行对象捕捉前，需要先选取菜单或工具，比较麻烦。在进行连续、大量的对象特征点捕捉时，常使用对象捕捉模式，它可以先设置一些特征点名称，然后在绘图过程中可以连续地进行捕捉。

在状态栏中的【对象捕捉】按钮上右击，从快捷菜单中选择【设置】命令，打开"草图设置"对话框中的对象捕捉选项卡设置对象的捕捉模式，如图 1-9（b）所示。

（三）极轴追踪

极轴追踪是在指定起始点后，命令提示指定另一点时，AutoCAD 按预设的角度增量方向显示出追踪线（虚线），这时可将光标吸附在追踪线上，点取所需要的点。

极轴追踪与正交模式相似，但其角度设定更为灵活，而且与对象捕捉结合使用时，还可捕捉追踪线与图线的交点。

（四）对象追踪

对象追踪必须在对象捕捉、对象追踪同时开启时方可使用。它可以在对象捕捉点发出各极轴方向的追踪线，吸附光标即可获取追踪线上的点，或捕捉追踪线与图线、追踪线与追踪线的交点。

（五）动态输入

动态输入可以适时标示鼠标所在坐标位置及绘图操作信息栏提示，以便精确定位和绘图。启用动态输入时，将在光标附近显示提示信息，该信息会随着光标移动而动态更新。

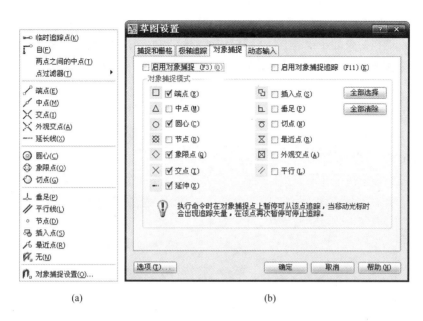

(a)　　　　　　　　　　　　　(b)

图 1-9　一次性捕捉快捷菜单和"草图设置"对话框

五、视图显示控制

(一) 视图缩放

命令：ZOOM（简写：Z）；菜单：【视图】/【缩放】；按钮：

主要选项含义：

【窗口缩放】：指定窗口角点，通过定义窗口来确定放大范围。

【比例缩放】：输入比例因子（nX 或 nXP），按照一定的比例来进行缩放。X 指相对于模型空间缩放，XP 指相对于图纸空间缩放。

【全部缩放】：在绘图窗口中显示整个图形，其范围取决于图形所占范围和绘图界限中较大的一个。

【范围缩放】：将图形在窗口中最大化显示。

【实时缩放】：实时缩放，按住鼠标左键向上拖拽放大图形显示，按住鼠标左键向下拖拽缩小图形显示。

【缩放对象】：快速缩放到对象的范围。

(二) 图形重生成

命令：REGEN（简写 RE）；菜单：【视图】/【重生成】。

在实时缩放和平移视图的过程中，常会碰到不能再继续的情况；或是图形显示精度不足的情况，此时可用【重生成】命令，重生成图形，解决上述问题。

六、图层管理

图层是 AutoCAD 绘图时的基本操作，它可以对图形进行分类管理。每个层如一张

"透明纸"，可将图形绘制在不同的"透明纸"上。

AutoCAD 的缺省图层为"0"层，如果用户打开 AutoCAD 软件绘图后不建立自己的图层，所绘制的图形对象都在 0 层上。0 层不能被删除，也不要在 0 图层上进行绘图。0 图层的作用是定义图块，在 0 图层创建的图块，具有随层的特性，图块插入哪个图层，就会自动跟随这个图层的属性。图块插入其他图层后，0 图层就保持空白。

（一）图层特性管理器

单击图层工具栏左侧的"图层特性管理器"按钮 ；弹出如图 1-10 所示的"图层特性管理器"对话框，图层特性管理器包含两个区域，右边是图层操作区，用于新建、删除、修改、列出图层的状态等操作；左边是过滤区，可制定过滤条件并对图层进行分组操作。

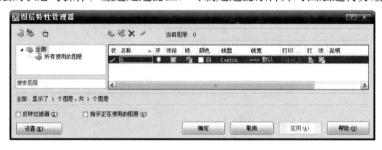

图 1-10　"图层特性管理器"对话框

单击"新建图层"按钮 ，下面的层列表里面将增加一个新层，新增加的图层自动按图层 1、图层 2、图层 3……的名字命名。要改变层名，可先选中该图层并单击原来的层名，再输入新的层名即可。层名应该一看就知道其内容，例如可以使用园林建筑、园林工程、园林绿化、文字、尺寸标注、路中线、地形图等这样的层名。

单击"删除图层"按钮 ，将会删除没有使用的图层。

单击"置为当前"按钮 ，当前图层就会被设为目前活动的图层，用户绘制的图形、输入的文字都在当前图层里面。为了把不同的图形内容绘制到相应的图层里面，需要经常改变当前图层。把一个图层设为当前图层，有以下几种方法：

（1）在图层特性管理器中选中一个图层，然后单击 按钮。

（2）在图层特性管理器中双击该图层。

（3）在图层工具栏上的图层列表框中（如图 1-11 所示）选中要设为当前层的图层。

（二）设置图层状态

在图层特性管理器中可以设定各个图层的状态。图层状态图标从左到右分别是开/关、冻结/解冻、锁定/解锁，这些图标都是开关图标，每单击一次就成为相反的状态。每个图标都有两种外观，代表两种状态，表 1-1 列出了图层状态图标的含义。

不可见的图层及被冻结的图层都不能在屏幕上显示出来，也不能被输出（打印）。

锁定图层是为了保护图层内的图形不被误编辑。

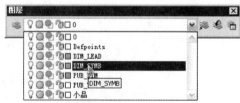

图 1-11　图层列表框

表 1-1 图层状态图标的含义

图标	💡	💡	⬭	❄	🔓	🔒
状态	图层可见	图层不可见	解冻图层	冻结图层	解锁图层	锁定图层

（三）设置图层的颜色

单击图层的颜色小方块即可重新设定图层的颜色。为图层设定颜色，可以方便看图和输出。

（四）指定图层的线型

单击图层特性管理器中图层的线型名称（默认的线型一般为连续实线－Continuous）将会打开如图 1-12（a）所示的选择线型对话框。

对话框主区域内列出了已经加载的线型，线型列表从左到右分别是线型名称、外观和说明。选择要指定的线型然后单击【确定】即可。如果线型列表中没有希望要的线型，单击【加载】打开如图 1-12（b）所示的"加载或重载线型"对话框。在对话框中选择需要的线型，然后单击【确定】，即可把线型加载到当前绘图文件中。

(a)   (b)

图 1-12 "选择线型"和"加载或重载线型"对话框

（五）设置图层的线宽

单击图层特性管理器中图层的线宽值，打开"线宽"对话框，在列表中选择一个合适的线宽，然后单击【确定】即可。要使设定的线宽在绘图时直接显示在屏幕上，需要打开状态栏【线宽】显示开关。

七、图形对象的特性及修改

对象特性是指图形对象的颜色、线型、线宽等属性，制图规范规定图形必须有不同的线型和不同的粗细，这些都需要用特性进行定义。

（一）修改对象颜色

修改图形对象的颜色和线型，最方便的方法是使用"特性"工具栏，如图 1-13 所示。

先选定图形对象，然后单击"颜色控制"列表框，列表中列出了常用的颜色，单击需要的颜色，被选择的对象就被赋予单击的颜色。颜色列表中"Bylayer"为对象的颜色由图层颜色指定；"Byblock"为对象的颜色与图块相同。

（二）改变对象线型

在对象特性工具栏的"线型控制"列表中，可以方便地改变对象的线型。其具体操

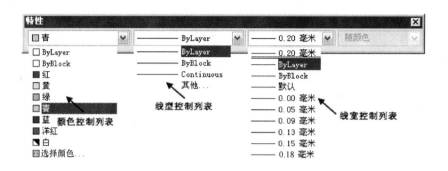

图 1-13　"特性"工具栏的颜色、线型、线宽控制列表

作方法和改变颜色很类似。

(三) 改变线型比例

可以通过菜单【格式】/【线型】调出如图 1-14 (a) 所示的"线型管理器"对话框，在全局比例因子中设置。线型比例的全局比例因子一般由公式 1/（图形输出比例×2）来计算，如：在一个输出比例 1:100 的图中设定全局比例因子＝1/（1/100×2）＝50。

(四) 用特性窗口编辑图形特性

菜单：【修改】/【特性】；按钮：$\blacksquare$；快捷键：〈Ctrl＋1〉。

当选取了图形对象后，在"特性"窗口中立即反映出所选实体的特性，可以直接修改所选对象的特性，如图 1-14 (b) 所示。

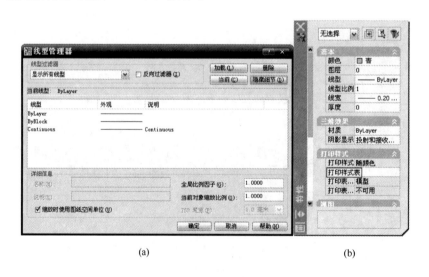

(a)　　　　　　　　　　(b)

图 1-14　修改线型全局比例因子和"特性"窗

(五) 用特性匹配工具复制对象特性

单击 $\blacksquare$ 按钮后选择源对象，光标此时变成 $\blacksquare$，再选取要改变的对象即可将源对象的特性复制到目标对象上。

八、AutoCAD 设计中心

菜单：工具/AutoCAD 设计中心；按钮：$\blacksquare$；快捷键：〈Ctrl＋2〉。

执行该命令后，弹出图 1-15 所示的"设计中心"窗口。

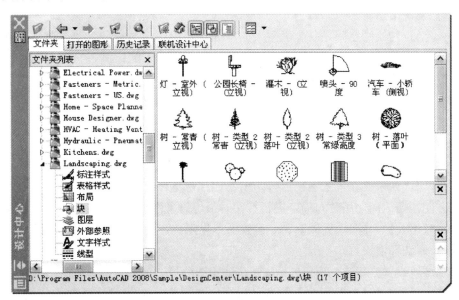

图 1-15　设计中心窗口

AutoCAD 设计中心，是 AutoCAD 中一个非常有用的管理工具。通常使用 Auto-CAD 设计中心可以完成如下工作：

1. 在多文档之间通过简单的拖拽操作来实现图形的复制和粘贴。粘贴内容可以是图形、图层、图块、线型、文字样式等。

2. 浏览本地计算机、局域网或因特网上的图块、图层、外部参照和用户自定义的图形，并复制、粘贴或插入到当前图形中。

3. 更新图块定义，也就是重定义图块。

4. 向图形中添加内容，例如外部参照、图块和图案填充等。

5. 快速浏览并打开图形文件。

6. 将图形、图块和图案填充拖放到工具选项板上以便调用。

九、AutoCAD 绘图环境设置

AutoCAD 是一个开放式的绘图平台，用户可以根据自身的需要对其进行设置。

(一) 设置图形单位

当打开 AutoCAD 开始绘制一幅新图形时，默认的单位为"毫米"。但是，如果需要更改单位，操作步骤如下：

1. 执行【格式】/【单位】命令，打开"图形单位"对话框。

2. 在长度选项组中选择长度类型为"小数"，根据所绘制图形的要求可将精度设置为"0.000"或其他小数位。

3. 在角度选项组中选择角度类型为"十进制度数"，根据绘图的要求可将精度设置为"0"或其他小数位。

4. 在插入比例选项组的下拉列表中选择"毫米"或者"米"选项。设置完成后，

单击【确定】按钮。

（二）确定出图比例

AutoCAD 的绘图空间是一个无限大的空间。无论图形对象的大小，都可以在绘图空间表示出来。所以使用 AutoCAD 绘图时，应按照 1∶1 的比例进行绘制，即按真实尺寸进行绘图。但是，如果显示器只显示所绘制图形的一部分，选择菜单【视图】/【缩放】/【全部】命令，快捷方法是双击鼠标滚轮，整个图形就会全屏显示在绘图区窗口上。

（三）设置图形界限

在绘制图形前，不但要确定将来打印出图的比例，还要确定打印的方式是否使用"布局"打印。如果要在一张图纸上打印出不同比例的图形，使用"布局"进行打印将会更加方便快捷。而使用"布局"进行打印时最好设置图形界限。

执行【格式】/【图形界限】命令设置图形界限。

（四）系统环境设置

系统环境设置是指改变 AutoCAD 默认的绘图环境。如果对默认的设置不满意，可以执行【工具】/【选项】命令，打开"选项"对话框。选项对话框的内容极其丰富，这里主要介绍几个常用选项的设置方法。

设置十字光标大小和拾取框大小：

1. 单击"显示"选项卡，在"十字光标大小"选项组中拉动滑块。笔者通常设置为"15"左右。如果设置为"100"，表示光标满屏显示。

2. 单击"选择集"选项卡，在"拾取框大小"选项组中拉动滑块直到大小适中。

设置自动保存文件时间间隔：

单击"打开和保存"选项卡。在"文件安全措施"选项组中勾选"自动保存"复选框，在其文本框中可设置自动保存的时间间隔。

十、图纸布局及打印输出

图纸绘制完成后往往需要打印输出到图纸上。在 AutoCAD 中打印图形有两种途径：第一种是通过模型空间打印图形，第二种是通过布局空间打印图形。另外利用图形的多视口显示，还可以在同一图纸内打印不同比例的图形。

（一）通过模型空间打印图形

1. 打开绘制好的图形。

2. 选择"文件"/"打印"命令，弹出"打印－模型"对话框，在"打印机/绘图仪"选项区域中的"名称"下拉列表框中选择"打印机"选项，在"图纸尺寸"下拉列表中选择图纸。

3. 在"打印比例"选项区域中设置打印比例，然后在"打印偏移"选项区域中选择"居中打印"选项，并进行"打印份数"的设置，如图 1-16 所示。

4. 参数设置完毕后，单击"预览"按钮，稍等片刻即可预览图形的打印效果。

5. 预览完毕，单击鼠标右键，在弹出的右键菜单中选择"打印"选项，即可直接打印图形，若选择"退出"选项，可返回"打印"对话框以便对打印选项重新设置。

"打印-模型"对话框中的常用选项功能及用法如下。

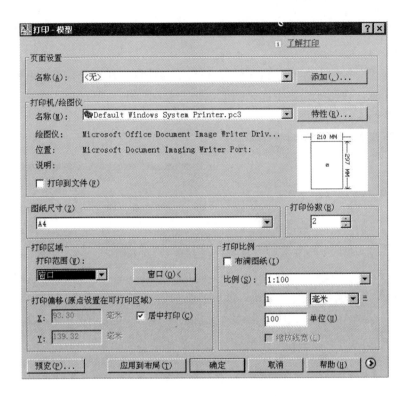

图 1-16 "打印-模型"对话框

"图纸尺寸"：可以在图纸列表中选取需要的图纸尺寸，定义图纸的大小。

"打印区域"：用于控制打印图形的范围，打印区域之外的任何图形都不会被输出。

"打印比例"：该区域中的选项用于设置图形单位和打印单位之间的相对比例，在布局空间中，默认打印比例为 1∶1；在模型空间中，默认设置为"布满图纸"。

"布满图纸"：选择此选项，打印时将根据图纸尺寸自动缩放图形，从而使图纸布满整张图纸。

"比例"：用于设置图形单位和打印单位之间的相对比例，可用两种方法定义打印比例，一是在比例列表中选择常用的绘图比例；二是在下方的编辑框中键入适当的数值控制打印比例。

"打印偏移"：该区域中的选项用于设置图形在图纸上的位置。在默认情况，系统将图形的坐标原点定位于图纸的左下角。用户可以在"X"和"Y"选项的输入框中输入坐标原点在图纸上的偏移量，以控制图形在图纸上的位置。当选择"居中打印"选项时，表示将当前打印图形的中心定位在图纸的中心上。

"图形方向"：单击"打印-模型"对话框右下角的 ⊙ 按钮，将会弹出隐藏选项，其中"图形方向"选项区域中的选项用于定义图纸的打印方向，包括"纵向"或"横向"两种，"反向打印"选项将在选择方向的基础上将图形后旋转 180 度进行打印。

(二) 通过布局空间打印图形

布局空间打印图形的操作方法如下：

打开绘制好的图形，然后选择布局选项卡，将会弹出"页面设置管理器对话框，如图 1-17 所示。

单击"修改"按钮，弹出"页面设置-布局"对话框，在"打印机/绘图仪"选项区域中选择打印机，在图纸列表中选择图纸，将"打印范围"设置为"布局"，并将"打印比例"设置为 1:1，如图 1-18 所示。

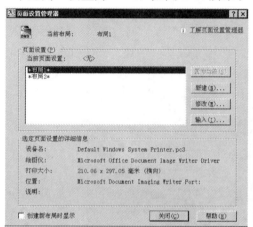

图 1-17　页面设置管理器对话框　　　　图 1-18　"页面设置-布局 1"对话框

依次单击"页面设置-布局 1"对话框中的"确定"按钮和"页面设置管理器"对话框中的"关闭"按钮，进入图纸空间。

单击浮动窗口，利用夹点编辑功能将对角点分别拖拽到虚拟图纸的外围。

在工具栏的任意按钮上单击鼠标右键，在弹出的工具栏菜单中选择"视口"工具栏，然后在"视口"工具栏右侧的比例窗口中进行比例设置，如图 1-19 所示。

按 Esc 键，退出夹点编辑，然后单击标准工具栏中的"打印预览"按钮，预览图形打印效果。

图 1-19　"视口"工具栏

（三）打印不同比例的图形

在打印图形时，往往需要将多个不同比例的图形打印在同一张图纸上。AutoCAD 为用户提供了多比例打印功能。

1. 打开绘制完成的图形。

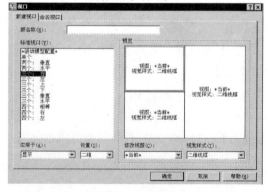

2. 选择的 **布局1** 选项卡，在"页面设置管理器"对话框中单击"修改"按钮，然后在弹出的"页面设置－布局 1"对话框中选择打印机和图纸类型，并将打印比例设置为 1:1。

3. 关闭"页面设置－布局 1"和"页面设置管理器"对话框。

4. 选择图形外侧的浮动窗口，然后按 Delete 键，删除窗口。

图 1-20　"视口 | 新建视口"对话框

5. 单击"视口"工具栏中的 ▦ （显示"视口"对话框）按钮，在弹出的"视口｜新建视口"对话框的"标准视口"列表框中进行"活动模型配置"，选择视口类型，如图 1-20 所示。

6. 单击"确定"按钮，关闭"视口"对话框。

7. 分别选择浮动窗口，在"视口"工具栏中的比例窗口中将图形的比例分别进行设置。

8. 将每个浮动窗口用鼠标拖拽图形，使需要显示的图形完全显示出来。

9. 各个视口调整好后切换到图纸空间，然后进行打印预览，预览打印效果。

【思考与练习】

1. 图层命名应注意哪些方面？练习将一个绘制好的对象放置到另一图层中的操作方法。

2. 图层中包含哪些特性设置？练习关闭图层的操作并观察结果。

3. 修改图形对象特性有哪些方法？请进行操作练习。

4. 练习使用设计中心打开文件和插入图块的操作方法。

5. 掌握辅助绘图工具的设置和使用方法，并进行操作练习。

6. 设置 AutoCAD 绘图环境，然后保存成"图形样板"文件，用于以后使用。

7. 如何确定线型比例？绘制一条虚线观察不同线型比例的变化情况？

8. 怎样打开或关闭工具栏，并将工具栏拖到其他地方？

技能训练

技能训练一　新建文件，绘制五角星，并将其保存在指定的磁盘路径下。

训练目标：掌握文件管理及坐标输入的方法。

操作步骤：

1. 启动 AutoCAD 软件，新建一文件。

2. 单击"直线"命令按钮 ✎，根据命令行提示，在绘图区域任意位置单击鼠标左键。

3. 根据命令行提示，从键盘输入"@ 100 ＜ 0"，回车。

4. 根据命令行提示，从键盘输入"@ 100 ＜ 216"，回车。

5. 根据命令行提示，从键盘输入"@ 100 ＜ 72"，回车。

6. 根据命令行提示，从键盘输入"@ 100 ＜ 288"，回车。

图 1-21　五角星绘制示例

7. 根据命令行提示，从键盘输入"c"，回车。图形闭合成为一个边长为 100 的五角星，如图 1-21 所示。

8. 单击保存按钮▦，指定图形文件保存的路径，输入文件名"五角星绘制"，单击保存，完成文件保存。

技能训练二　新建图层，运用直线命令绘制如图 1-22 所示的图例。

训练目标：掌握使用"图层"设置颜色、线宽和线型，并能正确显示。

操作步骤：

1. 新建文件，打开图层特性管理器，设置 3 个图层，图层 1 颜色为红色，线宽为 0.6；图层 2 颜色为绿色，线宽为 0.4；图层 3 颜色为蓝色，线宽为 0.3。

2. 运用直线"命令在"0"层绘制长 150mm 的直线，并间隔 5mm 复制多条。

3. 将两侧第一条边线放在图层 1，第二条边线放在图层 2，其余放在图层 3。

4. 以图层 3 为当前层，在"特性"工具栏中更改线型（ACAD_ISO02W100、ACAD_ISO03W100、ACAD_ISO04W100）。

5. 单击菜单"格式/线型"，进入"线型管理器"对话框，单击"显示细节"按钮，将"全局比例因子"改为 0.5，单击辅助绘图工具中"线宽"按钮，结果显示如图 1-22 所示。

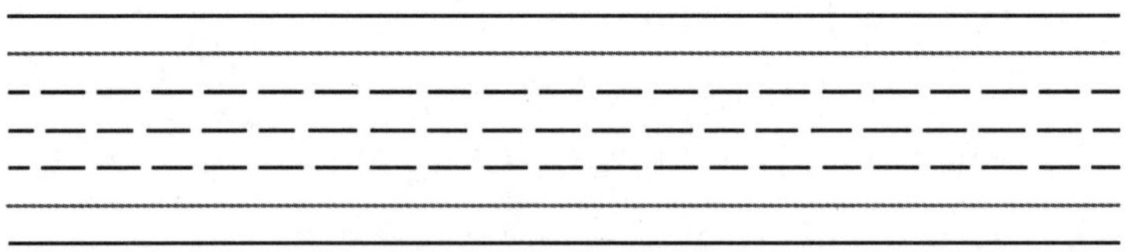

图 1-22　图层设置练习

项目二　AutoCAD 图形绘制

【内容提要】

　　AutoCAD 提供了丰富的绘图功能，利用它的绘图工具可以绘制出各种各样的基本图形，并在此基础上构造出更复杂的图形，通过本项目的学习，使同学可以熟练掌握 AutoCAD 基本绘图命令的使用方法，掌握这些命令，是运用 AutoCAD 软件绘制园林图纸、掌握系列技巧的基础。

【知识点】

　　直线、圆、矩形和多边形绘制
　　多段线、样条曲线、多线的设置和编辑

【技能点】

　　定数等分、定距等分的操作
　　图块的创建及应用
　　图案填充的应用

任务一　直线和圆的绘制

一、绘制直线

（一）命令的输入方法

"绘图"菜单：执行【绘图】/【直线】命令。

"绘图"工具栏：单击直线按钮 ✏，按照命令行的提示进行操作。

命令行：LINE 或 L。

（二）主要选项说明

指定第一点：定义直线的第一点。

指定下一点：输入绘制直线的下一个端点。

放弃（U）：放弃刚绘制的直线。

闭合（C）：封闭直线段，使之首尾连成封闭的多边形。

（三）操作实例

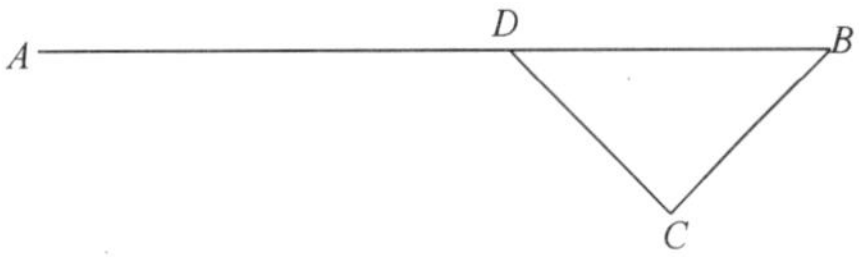

运用"直线"命令绘制一个如图 2-1 所示的标高符号，操作方法如下：

1. 输入直线命令。

2. 根据命令行提示，在绘图区任意点取一点为 A 点，再依次输入 B 点坐标"@15，0"、C 点坐标"@−3，−3"、D 点坐标"@−3，3"，回车键确认，完成标高符号绘制。

图 2-1　绘制标高符号示例

提示：直线的修改和编辑是通过调整直线的两个端点来实现的。用鼠标单击选择直线，出现蓝色小方框，再用鼠标点任一蓝色小方框，使蓝色变红色，拖动鼠标即可调整其位置。

二、绘制圆

（一）命令的输入方法

"绘图"菜单：执行【绘图】/【圆】命令。

"绘图"工具栏：单击圆按钮 ◎，按照命令行的提示进行操作。

命令行："CIRCLE"或"C"。

（二）主要选项说明

两点（2P）：通过输入直径的两个端点完成圆的绘制。

三点（3P）：通过确定所绘圆圆周上的三个点来绘制圆。

相切、相切、半径（T）：绘制指定半径并和两个对象相切的圆。

相切、相切、相切（TTT）：绘制和三个对象相切的圆。

（三）操作实例

运用"圆"命令绘制一个如图 2-2 所示的树木图例。操作方法如下：

1. 输入圆命令。

2. 根据命令行提示，在绘图区任意点取一点为圆心，输入半径 5，回车确认，完成树木冠幅绘制。

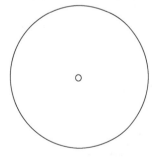

图 2-2　绘制树木图例

3. 设置圆心捕捉，按以上的绘制圆的步骤再绘制一个半径为 0.2 的小圆，完成树木图例绘制。

▌任务二　矩形和多边形的绘制

一、绘制矩形

（一）命令的输入方法

"绘图"菜单：执行【绘图】/【矩形】命令。

"绘图"工具栏：单击矩形按钮□，按照命令行的提示进行操作。

命令行："RECTANG"或"REC"。

（二）主要选项说明

"指定第一个角点，指定另一个角点"：通过两个角点来绘制矩形。

倒角（C）：绘制带倒角的矩形。

圆角（F）：绘制带圆角的矩形。

宽度（W）：定义矩形的线宽。

（三）操作实例

运用"矩形"命令绘制 A3 图纸幅面线，如图 2-3 所示。操作方法如下：

1. 输入矩形命令。

2. 根据命令行提示，在绘图区任意点取一点为矩形第一个角点，再输入另一个角点坐标"@420，297"，回车键确认，完成 A3 图纸幅面线绘制。

图 2-3　绘制 A3 图纸幅面线

二、绘制正多边形

（一）命令的输入方法

"绘图"菜单：执行【绘图】/【多边形】命令。

"绘图"工具栏：单击多边形按钮⬠，按照命令行的提示进行操作。

命令行：POLYGON 或 POL。

（二）主要选项说明

"边的数目"：输入正多边形的边数。

"中心点"：指定绘制的正多边形的中心点的位置。

"输入选项［内接于圆（I）/外切于圆（C）］"：指定圆的半径。

如果已知正多边形中心点到边的距离，即能够确定正多边形的内接圆半径，则在该提示信息下输入 C，用外切法绘制正多边形。如果已知正多边形中心点到顶的距离，即能够确定正多边形的外接圆半径，则在该提示信息下输入 I，用内接法绘制正多边形。

边（E）：如果已知正多边形的边长，在"指定正多边形的中心点或［边（E）］"提示信息下输入 E，命令行显示提示信息，在"指定边的第一个端点"和"指定边的第二个端点"的提示下，输入正多边形一条边的两个端点，从而绘制出正

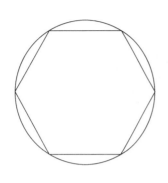

图 2-4　绘制花坛示例

多边形。

（三）操作实例

绘制如图 2-4 所示的花坛。操作方法如下：

1. 绘制一个半径为 100mm 的圆。
2. 打开正交模式，输入正多边形命令。
3. 根据命令行提示，输入边的数目 6，回车。
4. 用鼠标在捕捉的圆心位置单击指定多边形中心点。
5. 输入［外切于圆］选项 I，回车。
6. 输入圆的半径 100，回车，完成花坛绘制。

任务三　绘制多段线和多线

一、绘制多段线

多段线是由一系列具有宽度性质的直线段或圆弧段组成的对象，它与使用【LINE】命令绘制的彼此独立的线段有明显不同。园林图中常用多段线绘制平面图的建筑轮廓线、剖断面图中的剖切边线、立面图中的地面、山石轮廓等粗线。

（一）命令的输入方法

"绘图"菜单：执行【绘图】/【多段线】命令。

"绘图"工具栏：单击多段线按钮 ⤴，按照命令行的提示进行操作。

命令行：PLINE 或 PL。

（二）主要选项说明

圆弧（A）：进入弧线段的绘制状态。

半宽（H）、宽度（W）：通过输入宽度数值，使线段的始末端点具有不同的宽度。

直线（L）：用于从圆弧多段线绘制切换到直线多段线绘制。

图 2-5　绘制多段线示例

（三）操作实例

用多段线绘制如图 2-5 所示的指示箭头。操作方法如下：

1. 输入多段线命令，在绘图区任意点取一点为起点 A。
2. 选择"圆弧（A）"选项，在水平方向确定"圆弧端点 B"，输入 20。
3. 当前线宽为 0.0000，选择"宽度（W）"选项，指定起点宽度为 4，端点宽度为 0。

4. 打开正交模式，垂直确定下一点 C，输入 4，回车，完成图形绘制。

提示：修改多段线用菜单【修改】/【对象】/【多段线】；【修改Ⅱ】工具栏按钮

✎；命令：PEDIT（简写：PE）；快捷菜单：选择要编辑的多段线，在绘图区域单击右键，然后选择【编辑多段线】命令。

二、绘制多线

(一) 命令的输入方法

"绘图"菜单：执行【绘图】/【多线】命令。

命令行：MLINE 或 ML。

(二) 主要选项说明

对正 (J)：该参数用来控制多线相对于光标或基线位置的偏移。

输入对正类型〔上（T）/无（Z）/下（B）〕：如图 2-6 多线绘制中 (a)、(b)、(c) 图，表示选择"上"、"无"、"下"三种对正类型时，所绘制的多线相对于光标的偏移。

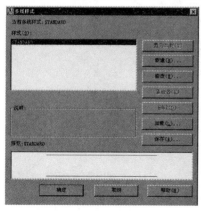

图 2-6 多线绘制对正类型

比例 (S)：该参数用来指定多线绘制时的比例。

样式 (ST)：输入新样式名。

(三) 多线样式设置

用缺省样式绘制出的多线是双线，还可以绘制三条或三条以上平行线组成的多线，这就需要添加多线样式并进行设置。

通过"绘图"菜单：【格式】/【多线样式】输入命令后，弹出如图 2-7 所示的"多线样式"设置对话框。

单击【新建】按钮，在"创建新的多线样式"中输入新样式名，再单击【继续】按钮，显示"新建多线样式"对话框，如图 2-8 所示。

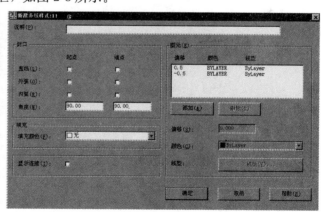

图 2-7 多线样式设置对话框   图 2-8 新建多线样式对话框

主要选项含义：

添加：添加一条平行线。

删除：删除一条平行线。

偏移：为选中的平行线指定偏移量。

颜色：为选中的平行线指定颜色。

线型：为选中的平行线指定某种线型。

封口：控制多线起点和端点的封口形式。

填充：控制多线的填充，可用颜色按钮选择填充颜色。

(四）修改多线

多线绘制完成后，其形状往往不能完全满足需要，但多线是一个整体，用普通编辑命令是不能对它进行修改的，这就需要使用专门的多线编辑命令了。该命令可以控制多线间的相交形式，增加、删除多线的顶点，控制多线的打断或结合。

通过"修改"菜单：【修改】/【对象】/【多线】执行多线编辑命令后弹出"多线编辑工具"对话框，如图 2-9 所示。

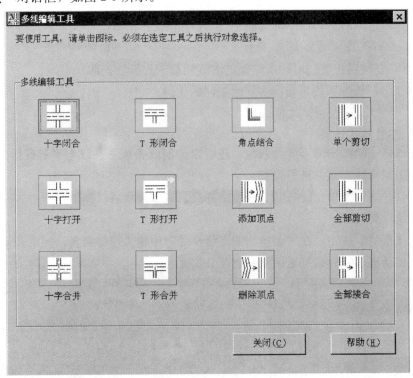

图 2-9　多线编辑工具对话框

主要选项含义：

"十字"连接工具：包括三种连接。使用"十字"连接工具需要两多线相交，选择了相应的工具后，即可回到绘图区对相交的多线进行连接编辑。

"T 形"连接工具：包括三种连接。选择了相应的工具后，即可回到绘图区对相交的多线进行连接编辑。

(五）操作实例

运用"多线"命令，在 50m×30m 的范围内的中心绘制如图 2-10 所示的两条 2m 宽的十字路。操作方法如下：

1. 先设置多线样式，用鼠标单击菜单【格式】/【多线样式】，出现"多线样式"对话框。单击【新建】按钮，在出现的"创建新的多线样式"中输入新样式名"园林路"，再单击【继续】按钮，显示"新建多线样式"对话框。

2. 单击【添加】按钮。再单击"颜色"右侧的选框，选择红色。再单击【线型】按钮，出现"选择线型"对话框，单击【加载】按钮，出现"加载或重载线型"对话框，选择"ACAD—ISO02W100"线型后单击【确定】，回到"选择线型"对话框。

3. 选择"ACAD-ISO02W100"线型后再单击【确定】，回到"新建多线样式"对话框。单击【确定】按钮，绘制 50m×30m 的矩形。

4. 用鼠标单击菜单【绘图】/【多线】，输入样式选项 ST，回车；输入样式名"园林路"，回车；输入对正选项 J，回车；输入对正类型 Z，回车；输入比例选项 S，回车；输入比例 2000，回车；用鼠标捕捉单击矩形左边中点作为园林路起点，用鼠标捕捉单击矩形右边中点作为园林路端点，水平路绘制完成。

5. 用同样方法绘制矩形中点上下方向路。

6. 用鼠标单击菜单【格式】/【线型】，出现"线型管理器"对话框。在全局比例因子栏中输入：200，然后单击【确定】。

7. 在命令行中输入：MLEDIT，确认后弹出"多线编辑工具"对话框。用鼠标单击左下角的【十字合并】，回到绘图区，分别单击十字路口的横竖两条线。结果如图 2-10 所示。然后以"园林路"为文件名存盘。

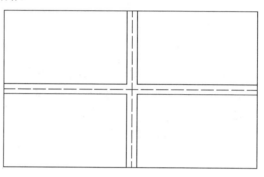

图 2-10　多线操作示例

任务四　绘制椭圆和圆弧

一、绘制椭圆

（一）命令的输入方法

"绘图"菜单：执行【绘图】/【椭圆】命令。

"绘图"工具栏：单击圆按钮 ⬭，按照命令行的提示进行操作。

命令行：Ellipse 或 El。

（二）主要选项说明

"轴端点"：定义椭圆轴的端点。

"中心点"：定义椭圆的中心点。

"半轴长度"：定义椭圆的半轴长度。

"圆弧"：绘制椭圆弧。

（三）操作实例

运用"椭圆"命令绘制如图 2-11 所示的椭圆形花坛。

操作方法如下：

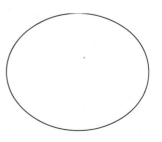

图 2-11　椭圆绘制示例

1. 输入椭圆命令，在"指定椭圆轴端点"提示下，在绘图区域任意点取一点。

2. 打开正交模式，在水平方向上确定轴的另一个端点，距离为2500。

3. 在"指定另一条半轴长度"提示下，输入1000，完成椭圆形花坛绘制。

二、绘制圆弧

（一）命令的输入方法

"绘图"菜单：执行【绘图】/【圆弧】命令。

"绘图"工具栏：单击圆按钮 ⌒ ，按照命令行的提示进行操作。

命令行：Arc 或 A。

（二）主要选项说明

"起点、圆心、端点"：在命令行的提示信息下，依次输入圆弧的起点、圆弧所在圆的圆心以及圆弧的端点的位置。

"起点、端点、方向"：指定圆弧起点、端点以及和圆弧起点相切的方向。

"圆心、起点、长度"：输入圆弧的圆心、起点以及圆弧的弦长。

输入的长度为正值，则绘制小于180的圆弧；输入的长度为负值，则绘制大于180的圆弧。

（三）操作实例

运用"圆弧"命令在图2-12A基础上绘制图2-12B小广场平面图中的弧线。操作方法如下：

1. 输入圆弧命令，通过端点捕捉得到圆弧的起点。

2. 选择"端点（E）"选项，通过端点捕捉得到圆弧的端点。

3. 选择"方向（D）"选项，移动鼠标在适宜的位置点取鼠标左键，确定"圆弧的起点切向"，完成圆弧的绘制。

图 2-12　圆弧绘制示例

任务五　绘制样条曲线和云线

一、绘制样条曲线

（一）命令的输入方法

"绘图"菜单：执行【绘图】/【样条曲线】命令。

"绘图"工具栏：单击样条曲线按钮 ～ ，按照命令行的提示进行操作。

命令行：SPLINE 或 SPL。

（二）主要选项说明

"起点切向"：定义起点处的切线方向。

"端点切向"：定义端点处的切线方向。

（三）操作实例

运用样条曲线命令绘制如图 2-13 所示的等高线。操作方法如下：

首先在绘图区用样条曲线绘制等高线最里面的闭合曲线，然后用"实时缩放"按钮（或滚动鼠标中间轮）缩小屏幕，再依次绘制外侧的闭合等高线。在绘制过程中，注意用鼠标单击选择曲线，当出现蓝色小方框时，再用鼠标点击任一蓝色小方框，使蓝色变红色，拖动鼠标即可调整曲线，使等高线绘制的地形具有"山脊"、"山谷"、"坡陡"和"坡缓"特征。

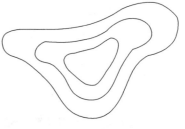

图 2-13　等高线绘制示例

提示：修改样条曲线用菜单【修改】/【对象】/【样条曲线】；【修改Ⅱ】工具栏按钮 ；命令：SPLINEDIT；选择要编辑的多段线，在绘图区域单击右键，然后选择快捷菜单中【样条曲线】命令。

二、绘制云线

（一）命令的输入方法

"绘图"菜单：执行【绘图】/【修订云线】命令。

"绘图"工具栏：单击修订云线按钮，按照命令行的提示进行操作。

命令行：Revcloud。

（二）主要选项说明

"弧长（A)"：输入弧长的大小。最大弧长不能超过最小弧长的 3 倍。

"对象（O)"：执行该参数，可将屏幕中的闭合对象转换为修订云线。

（三）操作实例

运用修订云线命令绘制如图 2-14 所示的灌木丛。操作方法如下：

1. 输入修订云线命令，选择"弧长（A)"选项，最小弧长设为 150，最大弧长设为 300。

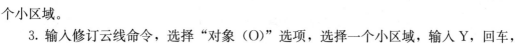

图 2-14　灌木丛绘制示例

2. 指定起点。按设计思路移动光标，当终点接近起点时线段自动闭合，完成灌木丛外区域的绘制，运用同样方法再在此区域内绘制两个小区域。

3. 输入修订云线命令，选择"对象（O)"选项，选择一个小区域，输入 Y，回车，反转一个小区域，同样方法反转另一个小区域，完成灌木丛的绘制。

提示：在"指定起点或［弧长（A)/对象（O)/样式（S)]〈对象〉："的提示下，输入：O↙，在"选择对象："的提示下，选择除样条曲线的其他图形，都能将其转变成样条曲线。

任务六 图块的应用

一、图块的创建

(一) 命令的输入方法

"绘图"菜单：执行【绘图】/【块】/【创建】命令。

"绘图"工具栏：单击创建块按钮 ，按照命令行的提示进行操作。

命令行：BLOCK 或 B。

执行创建块命令后，弹出图 2-15 所示"块定义"对话框。

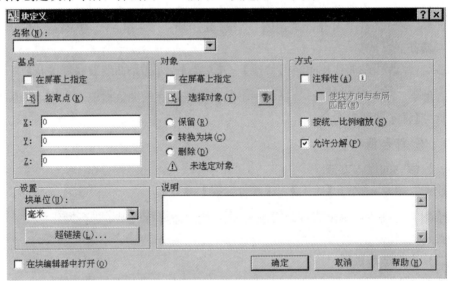

图 2-15 块定义对话框

(二) 主要选项说明

"名称"：定义块的名称，单击右边的下拉箭头可以查看当前图形中的所有图块名称。

"选择对象"：指定图块中包含的对象。单击按钮后，可在绘图区选择屏幕上的图形作为块中包含的对象。

"拾取点"：在绘图区中用左键指定图块的基点。图块基点是指在插入该图块时的基准点。另外，也可以直接在 X、Y、Z 三个文本框中输入基点坐标。

" "：用"快速选择"方式指定图块中包含的对象。

"保留"：创建块后在绘图区中保留创建块的原对象。

"转换为块"：将创建块的原对象保留下来并将它们转换成块。该项为缺省设置。

"删除"：创建块后在绘图区中不保留创建块的原对象。

"块单位"：从 AutoCAD 设计中心插入图块时，对块进行缩放所使用的单位。

"说明"：图块的简要说明。这个说明文字可以通过 AutoCAD 设计中心看得到。块也可以没有说明文字。

提示：通过 BLOCK 命令创建的块只能存在于当前文件中，如果要在其他的图形文件中使用该块，可以用 WBLOCK 命令写块（简写：W），将图块保存为独立文件，然后再用 INSERT 命令插入该文件。

二、图块的插入

创建了图块，就可以用 INSERT 命令将图块插入到图形中。

(一) 命令的输入方法

"绘图"菜单：执行【插入】/【块】命令。

"绘图"工具栏：单击插入块按钮 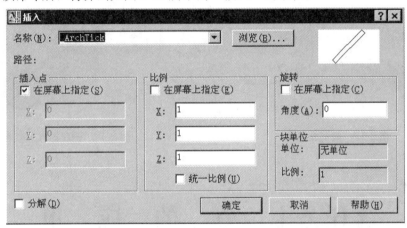，按照命令行的提示进行操作。

命令行：INSERT 或 I。

执行该命令后，将弹出如图 2-16 所示的"插入"对话框。

图 2-16　插入对话框

(二) 主要选项说明

"名称"：用下拉文本框，可选择插入的块名。

"浏览"：点取该按钮后，弹出"选择图形文件"对话框，用户可以选择某图形文件作为一个块插入到当前文件中。

"分解"：如果选择了该复选框，则块在插入时自动分解成独立的对象，不再是一个整体。缺省情况下不选择该复选框。以后需要编辑块中的对象时，可以采用分解命令将其分解。

提示：插入命令可以插入当前文件中已定义的块，或是外部文件的全部图形。如想插入外部文件中的单个图块，则需通过设计中心进行。

三、图块的分解

(一) 命令的输入方法

"修改"菜单：执行【修改】/【分解】命令。

"修改"工具栏：单击分解按钮 🖉，按照命令行的提示进行操作。

命令行：EXPLODE 或 X。

执行该命令后将提示要求选择分解的对象，选择某块后，将该块分解。分解带有属性的块时，其中原属性定义的值都将失去，属性定义重新显示为属性标记。

（二）操作实例

创建一个树块，如图 2-17（a）所示，并用插入块命令将其插入到图 2-17（b）曲路中。操作方法如下：

1. 运用学过的工具绘制如图 2-17（a）所示的平面树例或打开课件中相应的平面树例。

2. 单击"创建块"按钮，在弹出的对话框中输入块名称 shu，点击"选择对象"，选择整棵树，拾取点选择树的中心，点击确定，树块创建成功。

3. 单击"插入块"按钮，在出现的"插入"对话框中，选择刚才命名的块名，单击确定，在屏幕上指定插入块的位置，完成块的插入操作。结果如图 2-18 所示。

(a)　　　　　(b)

图 2-17　树例及曲路　　　　　图 2-18　树块插入后效果

任务七　点　的　应　用

一、点和点样式的设置

（一）命令的输入方法

"绘图"菜单：执行【绘图】/【点】命令。

"绘图"工具栏：单击修订云线按钮，按照命令行的提示进行操作。

命令行：POINT 或 PO。

（二）点样式的设置

点的外观形式和大小可以通过点样式来控制。点样式设置方法如下：

菜单：【格式】/【点样式】运行命令后弹出"点样式"对话框，选取点的外观形式，并设置点的显示大小。设置完成后，图形内的点对象就会以新的设定来显示。

二、定数和定距等分

（一）定数等分

使用定数等分命令可以在图形对象的定数等分处插入点或图块，可以定数等分的图形对象包括圆弧、圆、椭圆、椭圆弧、多段线和样条曲线。

1. 命令的输入方法

"绘图"菜单：执行【绘图】/【点】/【定数等分】命令。

命令行：DIVIDE 或 DIV。

2. 主要选项说明

选择要定数等分的对象：对象可以是圆弧、圆、椭圆、椭圆弧、多段线和样条曲线。

线段数目：指定等分的数目。

块：在等分点上将插入块。

是否对齐块和对象：如果对齐，插入的块将沿对象的切线方向对齐，必要时会旋转块，否则不旋转插入的块。

3. 操作实例

运用定数等分命令绘制长 75mm、宽 20mm 的会签栏。操作方法如下：

（1）绘制一个长 75mm、宽 20mm 的矩形，并将其分解。

（2）输入"定数等分"命令，根据命令行提示"选择要定数等分的对象"，选择矩形一个长边，输入线段数目 3，回车。

（3）打开"点样式"对话框，选择一个点样式，单击确定。这时可见矩形的长边已被分为 3 等份，用同样的方法将矩形的短边分成 4 等份。

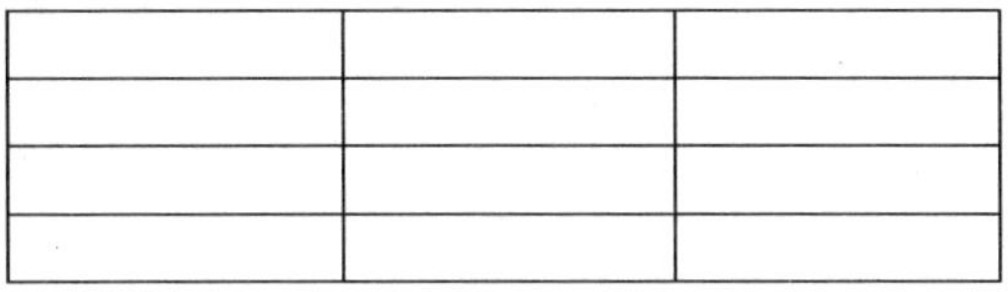

（4）然后设置对象捕捉到"垂足"，用直线命令将矩形划分为会签栏的样式。再将点样式改为原来状态。结果如图 2-19 所示。

图 2-19　绘制会签栏示例

（二）定距等分

在某线段上的指定距离等分处插入点或图块，可以采用定距等分命令来完成。

1. 命令的输入方法

"绘图"菜单：执行【绘图】/【点】/【定距等分】命令。

命令行：MEASURE 或 ME。

2. 主要选项说明

选择要定距等分的对象：对象可以是圆弧、圆、椭圆、椭圆弧、多段线和样条曲线。

线段长度：指定等分的长度。

块：以块作为符号来定距等分对象，在等分点上将插入块。

是否对齐块和对象：如果对齐，插入的块将沿对象的切线方向对齐，必要时会旋转块，否则不旋转插入的块。

3. 操作实例

运用定距等分命令绘制园路两侧树木，如图 2-20 所示。操作方法如下：

（1）应用样条曲线命令绘制一条宽 2m 的自然式园路，并将两条路边线分别向外偏移 0.5m 作为树木种植辅助线。

（2）选择一个树木图例创建成图块，名称为 1。

（3）输入定距等分命令，根据命令行提示"选择要定距等分的对象"，选择一条辅

图 2-20　园路两侧树木绘制示例

助线，输入 b，回车。

（4）输入块名称 1，回车，输入 Y，回车，对齐块和对象。

（5）指定线段长度 1500，回车，完成一侧树木绘制。

（6）另一侧树木绘制采用同样方法。

任务八　图案填充的应用

一、图案填充

（一）命令的输入方法

"绘图"菜单：执行【绘图】/【图案填充】命令。

"绘图"工具栏：单击图案填充按钮，按照命令行的提示进行操作。

命令行：BHATCH 或 H。

执行 BHATCH 命令后弹出如图 2-21（a）所示"图案填充和渐变色"对话框。

（二）主要选项说明

图案填充选项卡：

类型：选用填充图案类型。包括"预定义"、"用户定义"、"自定义"三大类。

图案：显示当前选用图案的名称。单击此栏则列出可用的图案名称列表，可以通过名称选择填充图案。

样例：显示选择的图案样例。点取图案样例，会弹出"填充图案选项板"对话框。可在此选择的图案样例，如图 2-21（b）所示。

角度：设置填充图案的旋转角度。

比例：设置填充图案的大小比例。

【添加拾取点】：通过拾取点的方式来自动产生一条围绕该拾取点的边界。此项要求拾取点的周围边界无缺口，否则将不能产生正确边界。

【添加选择对象】：通过选择对象的方式来选择一条围合的填充边界。如果选取边界对象有缺口，则在缺口部分填充的图案会出现线段丢失。

【继承特性】：控制当前填充图案继承一个已经存在的填充图案的特性。

关联：打开此项，当对填充边界对象进行某些编辑时，AutoCAD 会根据边界的新位置重新生成图案填充。

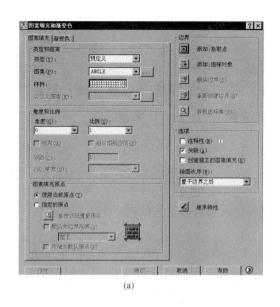

(a)

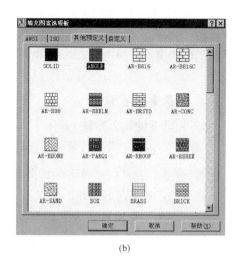

(b)

图 2-21 边界图案填充对话框

【预览】：预览填充图案的最后结果。如果不合适，可以进一步调整。

更多选项按钮：单击后出现如图 2-22 所示面板。

孤岛检测样式：控制系统处理孤岛的方法，共有三种不同的处理方法，分别为普通、外部和忽略。它们之间的区别可以从对话框中的图例中比较得出。

保留边界：控制是否将图案填充时检测的边界保留。

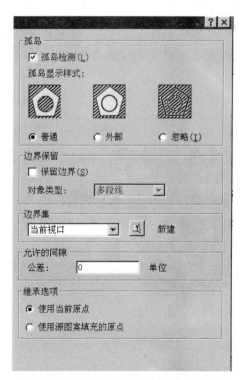

边界集：如果定义了边界集，通过拾取方式产生边界时，只计算边界集内的对象，可以加快填充的执行，在复杂的图形中可以反映出速度的差异。

允许的间隙：如果要填充没有封闭的区域，则可设置允许的间隙。任何小于等于允许的间隙中设置的值的间隙都将被忽略，并将边界视为封闭。此值设置越大，则允许存在的间隙越大。

（三）操作实例

绘制如图 2-23 所示的广场铺装。操作方法如下：

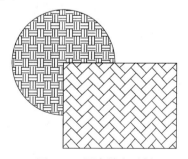

图 2-22 边界图案填充对话框-高级选项卡

图 2-23 图案填充示例

1. 利用前面所学命令绘制广场轮廓。

2. 单击【图案填充】按钮，打开"边界图案填充"对话框，选择填充图案，设置适当比例。然后，用鼠标单击【添加拾取点】按钮，在圆形区域单击，回到"边界图案填充"对话框后，单击【确定】。按上述步骤填充矩形区域。结果如图2-23所示。

二、图案填充编辑

（一）命令的输入方法

"修改"菜单：执行【修改】/【对象】/【图案填充】命令。

"修改Ⅱ"工具栏：单击编辑图案填充按钮 ▨，按照命令行的提示进行操作。

命令行：HATCHEDIT 或 H。

执行图案填充编辑命令后，会要求选择编辑的填充图案，随即弹出"图案填充编辑"对话框。这与"图案填充和渐变色"对话框基本相同，只是其中有一些选项按钮被禁止，其他项目均可以更改设置，结果反映在选择的填充图案上。

提示：双击填充图案也可弹出"图案填充编辑"对话框。

【思考与练习】

1. 直线、多段线、样条曲线、多线、修订云线命令的区别和特点。

2. 创建块（Block）和写块（wblock）的区别？菜单【插入】/【块】命令和设计中心中插入块操作的区别。

3. 定数等分和定距等分区别。如何用"块"进行等分？

4. "图案填充和渐变色"对话框中"比例"栏中的数字有什么意义？改变其中的数字进行填充练习，观察不同比例的填充效果。在孤岛显示样式中勾选"普通"、"外部"或"忽略"，填充后会出现什么不同？

⏰ 技能训练

技能训练一 绘制如图2-24所示的汀步景石。

训练目标：掌握运用直线或多段线命令绘制汀步景石的方法。

操作提示：绘制过程适当调整多段线的角度和宽度，轮廓线比纹理线宽。

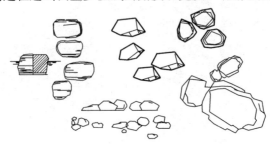

图 2-24 图案填充示例

技能训练二　绘制如图 2-25 所示的广场并进行填充。

训练目标：掌握 AutoCAD 常用绘图命令的使用方法。

操作提示：绘制过程适当调整图案填充比例及填充区域的闭合。

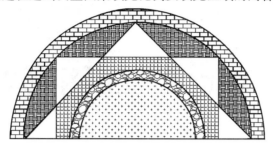

图 2-25　广场绘制铺装填充

项目三　AutoCAD 图形编辑

【内容提要】

　　AutoCAD 图形编辑功能是提高绘图速度和效率的主要途径，是计算机绘图优于手工绘图的真正体现，通过本项目的学习，使同学能够熟练掌握 AutoCAD 复制、偏移、镜像、阵列等多种编辑命令的使用方法，掌握这些命令的使用，可以降低绘图难度，提高绘图效率。

【知识点】

　　对象选择和图形复制的基本方法
　　常用图形修饰的基本方法
　　块属性的设置及数据提取

【技能点】

　　图形编辑的一般操作过程
　　文字、表格和标注的使用技术
　　园林种植数据的统计方法

任务一　选　择　对　象

一、直接点取方式

　　直接点取是最常用的选取方法，也是默认的对象选择方法。选择对象时，将选择框直接移放到对象上，单击鼠标左键即可选择对象，被选中的对象呈虚线显示。如果要选取多个对象，逐个选择要选取的对象即可。

二、缺省窗口方式

将选择框移动到图中空白处单击鼠标左键，AutoCAD 会接着提示"指定对角点："，此时将光标移动至另一位置后再单击左键，AutoCAD 会自动以这两个点作为矩形，确定一矩形窗口。若定义矩形窗口时，从左向右移动光标，则矩形窗口为实线，在窗口内部的对象均被选中；若定义矩形窗口时，从右向左移动光标，则矩形窗口为虚线（此窗口称交叉窗口），不仅在窗口内部的对象被选中，与窗口边界相交的对象也被选中。

三、输入命令方式

在命令行输入 Select 确认。

当命令行提示"选择对象："时，输入"?"（或任意键）确认。

当命令行出现"需要点或窗口（W）/上一个（L）/窗交（C）/框（BOX）/全部（ALL）/栏选（F）/圈围（WP）/圈交（CP）/编组（G）/添加（A）/删除（R）/多个（M）/前一个（P）/放弃（U）/自动（AU）/单个（SI）/子对象/对象选择对象："提示时，继续输入选项。

主要选项含义：

ALL：自动选择图中所有对象。

L：自动选择作图过程中最后生成的对象。

R：进入移出模式，提示变为"撤除对象："，再选择的对象就会从选择集中移出。

P：选择上一次生成的选择集。

U：放弃最近的一次选择操作。

任务二　改变对象位置

一、移动命令的应用

（一）命令的输入方法

"修改"菜单：执行【修改】/【移动】命令。

"修改"工具栏：单击移动按钮 ✛ ，按照命令行的提示进行操作。

命令行：MOVE 或 M。

（二）主要选项说明

指定基点：指定移动的参考点。

指定第二个点：指定移动的目标点。

指定位移：以世界坐标原点为参考点确定位移。

（三）操作实例

运用移动命令将图 3-1（a）中的树木移到种植池中央。操作方法如下：

1. 输入移动命令。

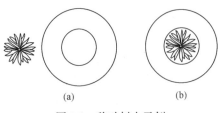

图 3-1　移动树木示例

2. 选择树木，回车。

3. "指定基点"，结合目标捕捉，捕捉树木圆心。

4. "指定第二点"，结合目标捕捉，单击种植池中心，命令结束，结果如图 3-1（b）所示。

二、旋转命令的应用

（一）命令的输入方法

"修改"菜单：执行【修改】/【旋转】命令。

"修改"工具栏：单击旋转按钮 ↻ ，按照命令行的提示进行操作。

命令行：ROTATE 或 RO。

（二）主要选项说明

指定基点：指定对象旋转的中心点。

指定参照角〈0〉：如果采用参照方式，可指定旋转的起始角度。

指定新角度：指定旋转的目标角度。

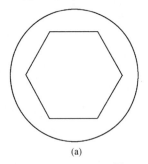

图 3-2　花坛旋转示例

（三）操作实例

运用旋转命令将如图 3-2(a)所示的花坛绕圆心旋转 90°，结果如图 3-2(b)所示。操作方法如下：

1. 输入旋转命令，在"选择对象"的提示下，选择图 3-2（a）所示的花坛。

2. 在"指定基点"提示下，鼠标左键捕捉图 3-2（a）的圆心。

3. 在"指定旋转角度或"提示下，输入 90，并按回车键，命令结束。

任务三　复　制　对　象

一、复制命令的应用

（一）命令的输入方法

"修改"菜单：执行【修改】/【复制】命令。

"修改"工具栏：单击复制按钮 ⊗ ，按照命令行的提示进行操作。

命令行：COPY 或 CO。

（二）主要选项说明

指定基点：对象复制的起始点。

指定第二个点：指定第二点来确定复制位移。

（三）操作实例

运用复制命令将图 3-3（a）中的两株树木栽植在绿地中，结果如图 3-3（b）所示。操作方法如下：

1. 运用前面所学的命令绘制如图 3-3（a）中的绿地，并插入材质库中两个平面树图例。

2. 输入复制命令，根据命令行提示，选择一个树例，回车。

3. 结合目标捕捉，捕捉树例圆心。

4. 在绿地中适当位置单击鼠标左键确定种植点。

5. 继续运用鼠标左键单击第二个种植点，直到完成此种树的种植。

6. 运用同样步骤完成另一种树的种植，结果如图 3-3（b）所示。

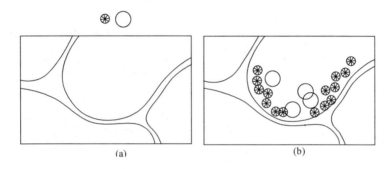

(a)　　　　　(b)

图 3-3　树木种植示例

二、镜像命令的应用

（一）命令的输入方法

"修改"菜单：执行【修改】/【镜像】命令。

"修改"工具栏：单击镜像按钮 ◢◣ ，按照命令行的提示进行操作。

命令行：MIRROR 或 MI。

（二）主要选项说明

"指定镜像线的第一点"：结合对象捕捉，选定镜像对象的对称轴线上的一点。

"指定镜像线的第二点"：结合对象捕捉，选定镜像对象的对称轴线上的另一点，由这两点构成一条镜像对称轴线。

（三）操作实例

运用镜像命令将图 3-4（a）所示的两块绿地以中间正方形的两个角点为对称轴，镜像得到另两块绿地，结果如图 3-4（b）所示。操作方法如下：

1. 输入镜像命令，根据命令行提示选择图 3-4（a）中左侧的两块绿地，回车。

2. 结合对象捕捉，左键单击正方

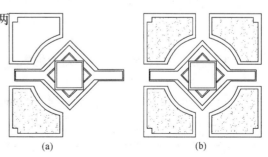

(a)　　　　　(b)

图 3-4　镜像绿地示例

形上面的角点，再单击下面的角点，确定镜像线。

3. "是否删除源对象"，输入 N，回车，得到如图 3-4（b）所示的效果。

三、阵列命令的应用

（一）命令的输入方法

"修改"菜单：执行【修改】/【阵列】命令。

"修改"工具栏：单击阵列按钮 品，按照命令行的提示进行操作。

命令行：ARRAY 或 AR。

（二）主要选项说明

输入阵列命令后将打开如图 3-5 所示的对话框，该对话框可以完成"矩形阵列"的相关设置，当点击环形阵列后，将出现如图 3-6 所示的对话框，该对话框将完成"环形阵列"的相关设置。

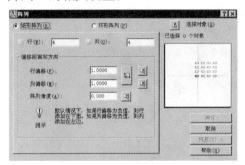

图 3-5　矩形阵列对话框

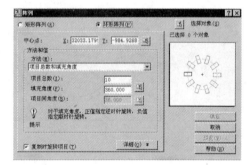

图 3-6　环形阵列对话框

1. 矩形阵列：对选定的对象复制后进行矩形排列，其选项如下：

"行"与"列"：用于输入矩形阵列的行数和列数。

"行偏移"：用于输入阵列的行间距，输入的数值为正值时，加入的行在原行的上边，输入的数值为负值时，加入的行在原行的下边。

"列偏移"：用于输入阵列的列间距，输入的数值为正值时，加入的列在原列的右边，输入的数值为负值时，加入的列在原列的左边。

"阵列角度"：用于输入矩形阵列相对于当前坐标系 X 轴旋转的角度，输入正值时，按照逆时针方向旋转，输入负值时，按照顺时针方向旋转。

"选择对象"：点击其前面按钮，暂时关闭对话框，返回绘图区，选择将要进行阵列的对象，结束选择后按回车键，返回对话框进行其他操作。

2. 环形阵列：对选定的对象复制后绕某中心点进行环形排列，其选项如下：

"中心点"：用于指定环形阵列的中心。

"项目总数"：指环形阵列复制对象的数量。

"填充角度"：指环形阵列包含的角度范围。

"项目间角度"：指环形阵列中相邻两复制对象间绕阵列中心转过的夹角。

（三）操作实例

运用环形阵列绘制如图 3-7（b）所示的树木平面图例。操作方法如下：

1. 运用前面所学命令完成图 3-7（a）所示的圆及圆弧。

2. 输入阵列命令，打开"阵列"对话框，选择"环形阵列"方式。

3. 单击"选择对象"前按钮，返回到绘图区，选择圆弧，按回车键，重新回到对话框。

4. 单击"中心点"后按钮，返回绘图区，结合对象捕捉，单击圆心后返回对话框。

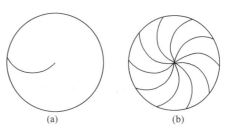

图 3-7　树木平面图例制作

5. 在"项目总数"后输入 10，在"填充角度"后输入 360，单击"预览"按钮，如果效果满意，则单击"接受"按钮，否则单击"修改"按钮，进行修改。

6. 结果如图 3-7（b）所示。

四、偏移命令的应用

（一）命令的输入方法

"修改"菜单：执行【修改】/【偏移】命令。

"修改"工具栏：单击偏移按钮 ⬁ ，按照命令行的提示进行操作。

命令行：OFFSET 或 O。

（二）主要选项说明

指定偏移距离：该距离可以通过键盘键入，也可以通过点取两个点定义。

通过（T）：指定偏移的对象将通过随后选取的点。

指定点以确定偏移所在一侧：指定点来确定往哪个方向偏移。

（三）操作实例

运用偏移命令绘制如图 3-8 所示的方格网。操作方法如下：

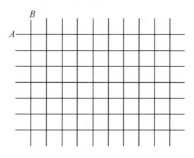

1. 绘制水平线 A 和垂直线 B。

2. 输入偏移命令。

3. 在命令行输入 2000，回车。

4. 选择直线 A，在其右侧任意一点单击鼠标左键，偏移复制出第一条直线，重复上述的操作，完成方格网的绘制。

图 3-8　方格网绘制示例

任务四　改变对象尺寸

一、比例缩放命令的应用

（一）命令的输入方法

"修改"菜单：执行【修改】/【缩放】命令。

"修改"工具栏：单击缩放按钮 ▫ ，按照命令行的提示进行操作。

命令行：SCALE 或 SC。

（二）主要选项说明

指定比例因子：比例因子＞1，则放大对象；比例因子大于 0 小于 1，则缩小对象。

参照（R）：按指定的新长度和参考长度的比值缩放所选对象。

提示：比例缩放是真正改变了图形的大小，和视图显示中的 ZOOM 命令缩放有本质的区别。ZOOM 命令仅仅改变在屏幕上的显示大小，图形本身尺寸无任何大小变化。

（三）操作实例

运用缩放命令将如图 3-9（a）所示的树木平面图例直径缩放到 1.5 米。操作方法如下：

1. 新建文件，并插入一平面树。

2. 输入缩放命令，回车确认。

3. 在"选择对象"提示下选择平面树，回车确认。

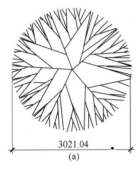
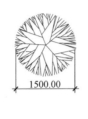

图 3-9　平面树缩放示例

4. 在"指定基点"提示下指定平面树中心为基点。

5. 选择参照选项（R），回车。

6. 在"指定参照长度"提示下，依次用鼠标单击平面树的左端和右端。

7. 在"指定新的长度"提示下，输入 1500 回车确认，命令结束。结果如图3-9（b）所示。

二、拉伸命令的应用

（一）命令的输入方法

"修改"菜单：执行【修改】/【拉伸】命令。

"修改"工具栏：单击拉伸按钮 ⬚，按照命令行的提示进行操作。

命令行：STRETCH 或 S。

（二）主要选项说明

选择对象：用交叉窗口选择要拉伸对象的端点（或特征点）。

指定基点：指定拉伸起始点。

指定位移的第二点：指定拉伸目标点。

提示：拉伸一般只能采用自右向左的交叉窗口来选择对象。

（三）操作实例

运用拉伸命令将图 3-10（a)中右侧花坛长度拉伸至 1 米。操作方法如下：

1. 绘制两个 0.75 米的矩形，如图 3-10（a)所示。

2. 输入拉伸命令，根据命令行的提示，用鼠标从矩形的右下角向左上角框选，回车确认。

3. 在"指定基点"的提示下，用鼠

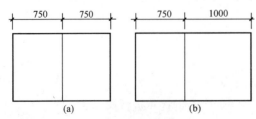

图 3-10　矩形花坛拉伸示例

标单击矩形右边中点。

4. 在"指定第二个点或〈使用第一个点作为位移〉"的提示下，输入 250，回车确认。结果如图 3-10（b）所示。

任务五 图 形 修 改

一、延伸命令的应用

（一）命令的输入方法

"修改"菜单：执行【修改】/【延伸】命令。

"修改"工具栏：单击延伸按钮 ，按照命令行的提示进行操作。

命令行：EXTEND 或 EX。

（二）主要选项说明

选择对象：选择作为延伸边界的对象。

选择要延伸的对象：选择欲延伸的对象。

（三）操作实例

运用延伸命令将图 3-11（a）图形中的直线延长，使其超出图形轮廓线 500，效果如图 3-11（c）所示。操作方法如下：

1. 运用前面所学的命令绘制如图 3-11（a）所示的图形。

2. 输入偏移命令，将图 3-11（a）中的外轮廓线向外偏移 500mm，效果如图3-11（b）所示。

3. 输入延伸命令，选择偏移复制的六边形，回车。

4. 分别用鼠标左键单击图形中三条直线的六个边缘。

5. 删除大六边形，结束命令。效果如图 3-11（c）所示。

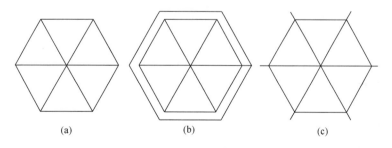

(a) (b) (c)

图 3-11 延伸示例

二、修剪命令的应用

（一）命令的输入方法

"修改"菜单：执行【修改】/【修剪】命令。

"修改"工具栏：单击修剪按钮 ，按照命令行的提示进行操作。

命令行：TRIM 或 TR。

（二）主要选项说明

选择对象：选择作为剪切边界的对象。

选择要修剪的对象：选择欲修剪的对象。

（三）操作实例

运用修剪命令，将图 3-12（a）中的图形修改成如图 3-12（b）所示的图形。操作方法如下：

1. 运用前面所学命令绘制如图 3-12（a）所示的图形。

2. 输入修剪命令，选择矩形。

3. 根据"选择要修剪的对象"提示，连续选择矩形区域内的圆。

4. 重复修剪命令，选择圆。

5. 根据"选择要修剪的对象"提示，连续选择圆形区域内的矩形。结果如图3-12(b)所示。

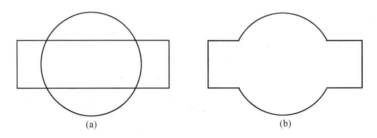

图 3-12　修剪示例

三、圆角命令的应用

（一）命令的输入方法

"修改"菜单：执行【修改】/【圆角】命令。

"修改"工具栏：单击圆角按钮 ⌐ ，按照命令行的提示进行操作。

命令行：FILLET 或 F。

（二）主要选项说明

半径（R）：设定圆角半径。

提示：如果将圆角半径设定成 0，可以通过圆角命令修齐两线段；不仅在直线间可以圆角，在圆、圆弧以及直线之间也可以圆角。

（三）操作实例

运用圆角命令绘制如图 3-13（b）所示的花坛。操作方法如下：

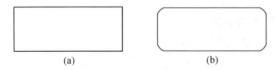

图 3-13　圆角花坛绘制示例

1. 绘制一个长 300mm，宽 150mm 的矩形。

2. 输入圆角命令，根据命令行提示选择半径选项（R），回车。

3. 输入半径 20，回车。

4. 选择矩形花坛一个边，再选择相邻的另一个边。

5. 重复上述操作，将图 3-13（a）所示矩形花坛的其他三个直角进行圆角。结果如

图 3-13（b)所示。

四、倒角命令的应用

（一）命令的输入方法

"修改"菜单：执行【修改】/【倒角】命令。

"修改"工具栏：单击倒角按钮 ⌐，按照命令行的提示进行操作。

命令行：CHAMFER 或 CHA。

（二）主要选项说明

距离（D）：设置选定边的倒角距离，两个倒角距离可以相等也可以不等。

多段线（P）：对多段线每个顶点处的相交直线段作倒角处理。

角度（A）：通过第一条线的倒角距离和第一条线的倒角角度来形成倒角。

提示：如果倒角的距离大于短边较远的顶点到交点的距离，则会出现"距离太大"的错误提示，而无法形成倒角。

（三）操作实例

运用倒角命令绘制如图 3-14（b）所示的花坛。操作方法如下：

1. 绘制一个长 300mm，宽 150mm 的矩形。

2. 输入倒角命令，根据命令行提示选择距离选项（D)，回车。

3. 指定第一个倒角距离，输入 20，回车；指定第二个倒角距离，输入 20，回车。

(a)　　　　　(b)

图 3-14　倒角花坛绘制示例

4. 选择矩形花坛一个边，再选择相邻的另一个边。

5. 重复上述操作，将图 3-14（a）所示矩形花坛的其他三个直角进行圆角。结果如图 3-14（b)所示。

五、分解命令的应用

运用分解命令可以进行图块分解。

（一）命令的输入方法

"修改"菜单：执行【修改】/【分解】命令。

"修改"工具栏：单击分解按钮 ✂，按照命令行的提示进行操作。

命令行：EXPLODE 或 X。

（二）主要说明

1. 矩形分解后成为四条单独的直线。

2. 多段线分解后成为直线段和圆弧段，且失去线宽和切线方向信息。

3. 图块分解后将失去属性值。

4. 多行文字分解后成为单行文字。

5. 标注尺寸分解后成为文本、尺寸线、尺寸界线、箭头四部分。

6. 填充图案分解后成为一条条直线或一个个单独图案。

六、夹点编辑的应用

在"命令:"提示符下,选取对象后,对象出现蓝色小方框夹点。在蓝色小方框单击,则变为红色小方框,单击右键在跳出的快捷菜单上选取相应选项,即可进入相应的编辑状态,可以对图形进行拉伸、移动、旋转、缩放、镜像五种操作;或用鼠标移动红色小方框直接进行拉伸操作。

提示:要生成多个热点,可在按住〈SHIFT〉键的同时单击夹点,选择完成后再放开〈SHIFT〉键,拾取其中一个热点来进入夹点编辑模式;在夹点编辑的众多功能中,以拉伸功能最为方便,也最为常用。

七、修改多段线

(一) 命令的输入方法

"修改"菜单:执行【修改】/【对象】/【多段线】命令。

"修改Ⅱ"工具栏:单击分解按钮 ⚿ ,按照命令行的提示进行操作。

命令行:PEDIT 或 PE。

(二) 主要选项说明

选择多段线:选择欲编辑的多段线。如果选择了非多段线,该线条可以转换成多段线。

闭合 (C):自动连接多段线的起点和终点,创建闭合的多段线。

合并 (J):将与多段线端点精确相连的其他直线、圆弧、多段线合并成一条多段线。

宽度 (W):设置该多段线的全程宽度。对于其中某一条线段的宽度,可以通过顶点编辑来修改。

编辑顶点 (E):进入编辑顶点模式。对多段线的各个顶点进行单独的编辑。

拟合 (F):创建一条平滑曲线,它由连接各相邻顶点的弧线段组成。

样条曲线 (S):将多段线转化为样条曲线。

任务六 文 字 注 写

一、文字样式的设置

(一) 命令的输入方法

"格式"菜单:执行【格式】/【文字样式】命令。

命令行:STYLE 或 ST。

执行该命令后,系统弹出如图 3-15 所示的"文字样式"对话框。在该对话框中,可以新建文字样式。

(二) 主要选项说明

"样式"区:

样式列表框:显示当前文字样式。

图 3-15　文字样式对话框

"字体"区：

SHX 字体：列表显示当前文字样式所用的字体名称。可以在弹出的下拉列表中选择某种字体作为当前文字样式所用的字体。如果不勾选"使用大字体"复选框，"SHX 字体"提示转变成"字体名"提示。

字体名：在字体名下拉列表中，可以看到 Windows 自带的 TrueType 字体。在选择字体时，应该选择名前没有"@"的使用。

高度：根据输入的值设置文字高度，此项宜设为"0"。如果输入"0"，每次用该样式输入文字时，AutoCAD 都提示输入文字高度。如果输入值大于"0"，则在使用该文字样式输入文字时统一使用该高度，不再提示输入文字高度。

宽度因子：默认值为 1，指的是文字的纵横宽度相等，工程图纸要求文字的宽度与长度比为 0.7，如果使用的字体本身是正方形的，可设置宽度因子为 0.7，如果使用"gbcbig.shx"字体，因原本就是长仿宋体，所以保持默认值 1 即可。

使用大字体复选框：大字体是指 AutoCAD 专用的非西文线形字体（如中文、日文等）。只有选用英文 SHX 字体后，才可以打开该复选框，这时可以为该样式指定中文 SHX 字体。

大字体：在打开使用大字体复选框后，该列表框有效。常用的中文大字体有"gbcbig.shx"。

【新建】：用于新建文字样式。文字样式名可以由用户指定，但应具有一定的意义，这样使用时不至于混淆。新建的样式使用当前的样式设置。

【删除】：删除当前的文字样式。在图形中已使用的文字样式和"Standard"样式不可以删除。

提示：AutoCAD 有两种文字类型，一个是 AutoCAD 专用的形文字体，文件扩展名为"shx"；另一个是 Windows 自带的 TrueType 字体，文件扩展名为"ttf"。Auto-CAD 为使用中文的用户提供了符合国际要求的中西文工程形文字体，包括两种西文字体和一种中文字体，它们分别是正体的西文字体"gbenor.shx"、斜体的西文字体

"gbeitc. shx"和中文字长仿宋体工程字体"gbcbig. shx"。建议使用以上三种中西文工程形文字体，绘制正规图纸，既符合国际制图规范，又可以节省图纸所占的计算资源，同时还可以避免出现图纸交流时文字不能正常显示的问题。

二、文字输入

(一) 单行文字输入

1. 命令的输入方法

"绘图"菜单：执行【绘图】/【文字】/【单行文字】命令。

"绘图"工具栏：单击单行文字按钮 **A̲I**，按照命令行的提示进行操作。

命令行：DTEXT 或 DT。

2. 主要选项说明

指定文字的起点：指定单行文字起点位置。缺省情况下，文字按左下角对齐。

对正：设置单行文字的对齐方式。

样式：在命令行直接指定当前使用的文字样式。

指定高度：为文字指定高度。可以用数字或鼠标点取两点的长度作为回应。在图形中一旦指定过字高，缺省值即变为最后一次指定的字高。

指定文字的旋转角度：为文字指定旋转角度。可以用数字或鼠标点取两点的角度作为回应。

可以用中文输入法进行中文输入，也可以用 Windows 的剪贴板复制文本到命令行上。在单行文本输入完后，可以按回车键或用鼠标点取一点后，开始下一行的文本输入。

3. 操作实例

新建一个文件，创建如下表的 3 个文字样式，做如图 3-16 所示的文字内容注写练习。

表 3-1　文字样式设置

样式名称	字体	高度	宽度因子	倾斜
HZ	仿宋 _ GB2312	0	1	0
HZ2	楷体 _ GB2312	0	1	0
工程字	使用大字体 Shx 字体：Gbenor. shx 大字体：Gbcbig. shx	0	1	0

计算机制图不但具有极高的绘图精度,绘图迅速也是一大优势,特别是它的复制功能非常强,帮助我们从繁重的重复劳动中脱离出来,有更多的时间来思考设计的合理性。

图 3-16　单行文字注写练习

(二) 多行文字输入

1. 命令的输入方法

"绘图"菜单：执行【绘图】/【文字】/【多行文字】命令。

"绘图"工具栏：单击多行文字按钮 **A** ，按照命令行的提示进行操作。

命令行：MTEXT 或 T。

2. 主要选项说明

指定第一角点：指定多行文字矩形边界的第一角点。

指定对角点：指定多行文字矩形边界的对角点。

文字格式：指定多行文字矩形边界的对角点后，弹出"文字格式"对话框，在此对话框中对文字的编辑非常类似 OFFICE 软件的编辑方式。

(三) 文字的编辑与修改

命令的输入方法：

"修改"菜单：执行【修改】/【对象】/【文字】命令。

"文字"工具栏：单击编辑文字按钮 **A/** ，按照命令行的提示进行操作。

命令行：DDEDIT 或 ED。

执行文字编辑命令后，首先选择欲修改编辑的文字，如果选择的对象为单行文字，可以重新编辑输入的文字。

如果选择的对象为多行文字，则弹出"文字格式"对话框，操作和输入多行文字相同。

也可以通过"特性"对话框来编辑修改文字及属性。在此对话框中，不仅可以修改文本的内容，而且可以重新选择该文本的文字样式、设定新的对正类型、定义新的高度、旋转角度、宽度比例、倾斜角度、文本位置以及颜色等等该文本的所有特性。

提示：执行多行文字命令，在出现"文字格式"编辑器时，单击鼠标右键，在出现的快捷菜单中可以找到各种符号的输入方法。

任务七 表 格 编 辑

一、表格样式设置

(一) 命令的输入方法

"格式"菜单：执行【格式】/【表格样式】命令。

命令行：TABLESTYLE 或 TS。

(二) 主要选项说明

执行命令后，弹出"表格样式"对话框，单击【新建】按钮，弹出"创建新的表格样式"对话框。输入新样式名后单击【继续】按钮，弹出"新建表格样式"对话框，进行文字、边框设置。

提示：在进行边框线宽设置时，必须先选择线宽，再单击需要更改的边框按钮，设置才有效。

二、创建表格

(一) 命令的输入方法

"绘图"菜单：执行【绘图】/【表格】命令。

命令行：Table 或 Tb。

(二) 主要选项说明

表格样式：选择当前所使用的表格样式。

插入选项：确定如何为表格填写数据。

插入方式：设置表格插入图形的方式。

列和行设置：设置表格的行数、列数以及行高和列宽。

设置单元样式：为表格第一行、第二行和其他行设置单元样式。

(三) 操作实例

创建表格练习。

执行"TB"命令后，打开"插入表格"对话框，设置如图 3-17 所示。完成表格制作，出现如图 3-18 所示的表格。

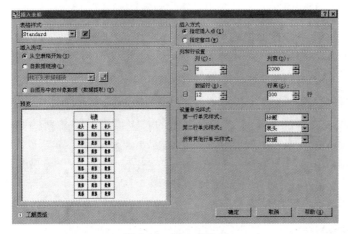

图 3-17　插入表格图

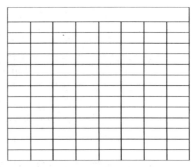

图 3-18　插入表格

提示：单击表格出现"表格"工具栏，可以进行表格的编辑，包括插入行、列，合并单元，单元边框编辑，插入块等操作。

任务八　尺　寸　标　注

一、尺寸标注样式设定

在 AutoCAD 制图中，应该建立尺寸标注图层，以控制标注的显示和隐藏。在绘图过程中采用 1：1 比例绘图，标注就更加准确。

(一) 命令的输入方法

"格式"菜单：执行【格式】/【标注样式】命令。

命令行：DIMSTYLE 或 D。

执行命令后，出现"标注样式管理器"对话框，如图 3-19（a）所示。

（二）主要选项说明

【修改】：修改选择的标注样式。点取该按钮后，将弹出如图 3-20 标题为"修改标注样式"的对话框。我们可在此对话框中设定标注样式的各选项。通常将【直线】面板中的【超出尺寸线】设置为 2～3mm；【起点偏移量】设置至少大于 2mm。因为通常是按真实尺寸绘制图形，如果按 1∶1 的比例进行标注，那么尺寸文字、箭头等特征就会小到几乎看不见，所以需要在【调整】面板中选择【使用全局比例因子】，并在旁边的文本框中根据绘制图形的尺寸大小填写适宜的数值。

样式：列表显示了目前图形中已设定的标注样式。

预览：图形显示被选择样式的预览。

列出：可以选择在样式列表框中列出"所有样式"或只列出"正在使用的样式"。

【置为当前】：将所选样式置为当前样式，在随后的标注中，将采用该样式标注尺寸。另外，将已有的标注样式置为当前也可以通过标注工具栏的 ISO-25 下拉列表进行指定。

【新建】：新建一种标注样式。点取该按钮，将弹出"创建新标注样式"对话框。

提示：在园林制图中，通常对于直线标注可以使用"建筑标记"作为箭头形式，而对于半径、直径和角度一类的标注，箭头形式应该是实心箭头。因此需要在设置一种标注样式后，再设置标注子样式。方法是打开"标注样式管理器"对话框，在样式列表中选择"样式 1（新建的用于直线标注的样式）"，单击【新建】按钮，打开"创建新标注样式"对话框。在基础样式下拉列表中选择了"样式 1"选项，在用于下拉列表中选择"半径标注"选项。单击【继续】按钮打开"新建标注样式：样式 1∶半径"对话框。将箭头改为"实心闭合"选项。回到"标注样式管理器"，在对话框"样式"下拉列表中可以看到"样式 1"出现了一个名为"半径"的子样式，如图 3-19（b）所示。执行【标注】/【更新】命令，图形中的半径标注被更新为正确样式。

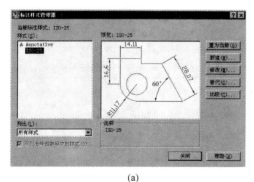
(a)

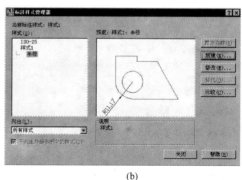
(b)

图 3-19　标注样式管理器

尺寸标注要素：

在"修改标注样式"对话框中，涉及与尺寸标注有关的要素，主要有尺寸线、尺寸界线、箭头、文字、基线间距、起点偏移量等。这些要素在标注中的位置和作用如图 3-21所示，标注时可以根据制图规范进行调整。

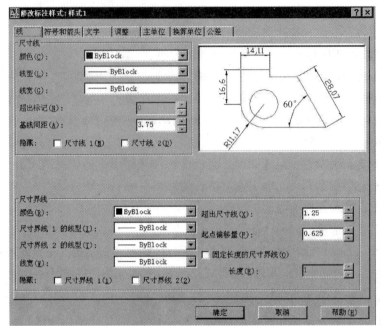

图 3-20　修改标注样式

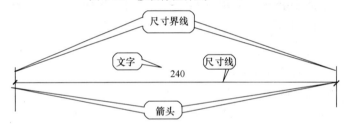

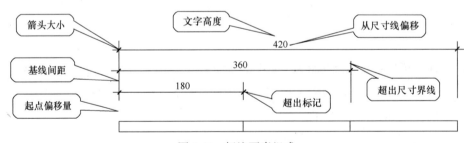

图 3-21　标注要素组成

二、尺寸标注

（一）线性尺寸标注

1. 命令的输入方法

"标注"菜单：执行【标注】/【线性】命令。

"标注"工具栏：单击线形标注按钮 ⊢⊣，按照命令行的提示进行操作。

命令行：DIMLINEAR。

2. 主要选项说明

指定第一条尺寸界线原点：定义第一条尺寸界线的位置。如果直接回车，则出现选择对象的提示。

指定第二条尺寸界线原点：在定义了第一条尺寸界线起点后，定义第二条尺寸界线的位置。

选择对象：选择对象来定义线性尺寸的大小。

指定尺寸线位置：定义尺寸线的位置。

多行文字：打开"多行文字编辑器"，用户可以通过"多行文字编辑器"来编辑注写的文字。自动测量的数值用"＜＞"来表示，用户可以将其删除也可以在其前后增加其他文字。

（二）对齐尺寸标注

对于倾斜的线性尺寸，可以通过对齐尺寸标注进行标注。

1. 命令的输入方法

"标注"菜单：执行【标注】/【对齐】命令。

"标注"工具栏：单击对齐标注按钮 ，按照命令行的提示进行操作。

命令行：DIMALIGNED。

2. 主要选项说明

多行文字：打开"多行文字编辑器"，用户可以通过"多行文字编辑器"来编辑注写的文字。自动测量的数值用"＜＞"来表示，用户可以将其删除也可以在其前后增加其他文字。

文字：编辑注写的文字。

角度：指定标注文字角度。

（三）基线尺寸标注

基线尺寸标注用于绘制基于同一条尺寸界线的一系列相关的平行标注。本命令适用于线性、对齐、坐标及角度标注类型的基线标注。首先执行线性标注命令，然后执行基线标注命令，依次捕捉其他点。

1. 命令的输入方法

"标注"菜单：执行【标注】/【基线】命令。

"标注"工具栏：单击基线标注按钮 ，按照命令行的提示进行操作。

命令行：DIMBASELINE。

2. 主要选项说明

选择基准标注：选择基线标注的基准标注，后面的尺寸以此为基准进行标注。

指定第二条尺寸界线原点：定义第二条尺寸界线的位置。如果选择了基准标注，基准尺寸界线是离所选择的点最近的那一条。

放弃：放弃上一个基线尺寸标注。

选择：重新选择基线标注基准。

（四）连续尺寸标注

对于首尾相连，排成一排的连续尺寸，可以进行连续标注。本命令适用于线性、对齐、坐标及角度标注类型的连续标注。首先执行线性标注命令，然后执行连续标注命令，依次捕捉其他点。

1. 命令的输入方法

"标注"菜单：执行【标注】/【连续】命令。

"标注"工具栏：单击连续标注按钮 ⊢⊦⊢ ，按照命令行的提示进行操作。

命令行：DIMCONTINUE。

2. 主要选项说明

选择连续标注：选择连续标注的基准标注。如上一个标注为线性、角度或坐标标注，则不出现该提示，自动以上一个标注为基准标注。

指定第二条尺寸界线原点：定义连续标注中第二条尺寸界线，第一条尺寸界线由基准标注确定。

（五）直径尺寸标注

1. 命令的输入方法

"标注"菜单：执行【标注】/【直径】命令。

"标注"工具栏：单击直径标注按钮 ⊙ ，按照命令行的提示进行操作。

命令行：DIMDIAMETER。

2. 主要选项说明

选择圆弧或圆：选择标注直径的对象。

指定尺寸线位置：确定尺寸线的位置，尺寸线通过圆心。确定尺寸线位置的拾取点对文字的位置有影响。

（六）半径尺寸标注

1. 命令的输入方法

"标注"菜单：执行【标注】/【半径】命令。

"标注"工具栏：单击半径标注按钮 ⊙ ，按照命令行的提示进行操作。

命令行：DIMRADIUS。

2. 主要选项说明

主要选项含义与直径尺寸标注同。

（七）角度标注

对于不平行的两条直线、圆弧或圆以及指定的三个点，AutoCAD 可以自动测量它们的角度并进行角度标注。

1. 命令的输入方法

"标注"菜单：执行【标注】/【角度】命令。

"标注"工具栏：单击角度标注按钮 ⊿ ，按照命令行的提示进行操作。

命令行：DIMANGULAR。

2. 主要选项说明

选择圆弧、圆、直线：选择角度标注的对象。如果直接回车，则为指定顶点确定标注角度。

指定角的顶点：指定角度的顶点和两个端点来确定角度。

指定标注弧线位置：定义弧形尺寸线摆放位置。

任务九　图　块　属　性

一、定义图块属性

（一）命令的输入方法

"绘图"菜单：执行【绘图】/【块】/【定义属性】命令。

命令行：ATTDEF 或 ATT。

执行该命令后，弹出"属性定义"对话框，如图 3-22 所示。

（二）主要选项说明

1. 模式区

不可见：选中该复选框则属性为不可见显示方式，即插入图块并输入属性值后，属性值在图中并不显示出来。

固定：选中该复选框表示属性值在属性定义时已给定，在插入图块时系统不再提示输入属性值。

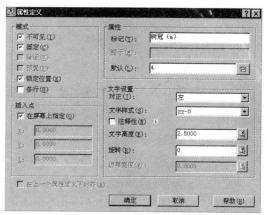

图 3-22　属性定义对话框

验证：选中该复选框，当插入图块时系统重新显示属性值，让用户验证该值是否正确。

预置：选中该复选框，当插入图块时系统自动把事先设置好的默认值赋予属性，而不再提示输入属性值。

锁定位置：选中该复选框，当插入图块时系统自动锁定块参照中属性的位置。

多行：选中该复选框，插入图块的属性值可以包含多行文字。

2. 属性区：

标记：输入属性标签。属性标签可由除空格和感叹号以外的所有字符组成，系统自动把小写字母改为大写字母。

提示：输入属性提示。属性提示是插入图块时系统要求输入属性值的提示，如果不在该文本框内输入文本，则以属性标签作为提示。如果在"模式"选项组选中"固定"复选框，即设置属性为常量，则不需设置属性提示。

默认：设置默认的属性值。可把使用次数较多的属性值作为默认值，也可不设默认值。

（三）操作实例

将材质库（CAD 图块）中平面树（10）定义成具有树冠、胸径、树高属性的块。操作方法如下：

1. 执行块属性定义命令，打开"属性定义"对话框，各项设置如图 3-23 所示。单击【确定】按钮退出，并在一个树木图例旁单击，树冠属性定义完毕。

2. 再用同样的方法定义同一图例的胸径、树高属性。

3. 执行【创建块】命令，将已经具有属性的树图例定义为块。块名称为雪松，将图形与其属性一起选择。将其复制 10 株，结果如图 3-23 所示。

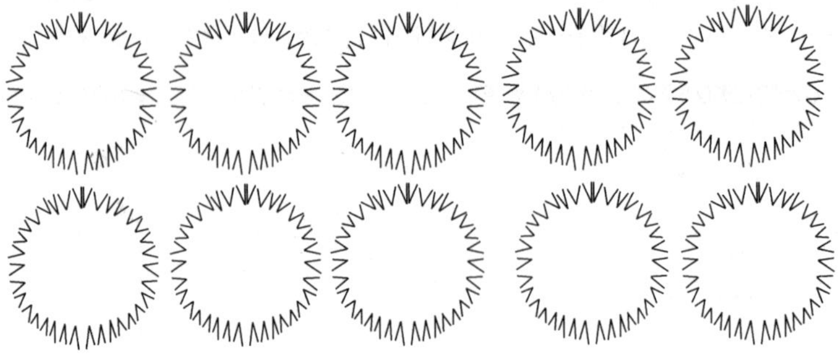

图 3-23　树木复制效果

4. 在定义块时将图形与其属性一起选择，这样定义完成后的块就成为具有属性的块，可通过双击块图形查看。

二、块属性编辑

命令的输入方法：

“修改”菜单：执行【修改】/【对象】/【属性】/【块属性管理器】命令。

命令行：Battman。

按钮：【修改Ⅱ】工具栏中 。

执行命令后，出现“块属性管理器”对话框，如图 3-24（a）所示。

在对话框中选择需要修改的块属性栏，单击编辑按钮，弹出如图 3-24（b）所示的对话框，即可进行属性设置的编辑。

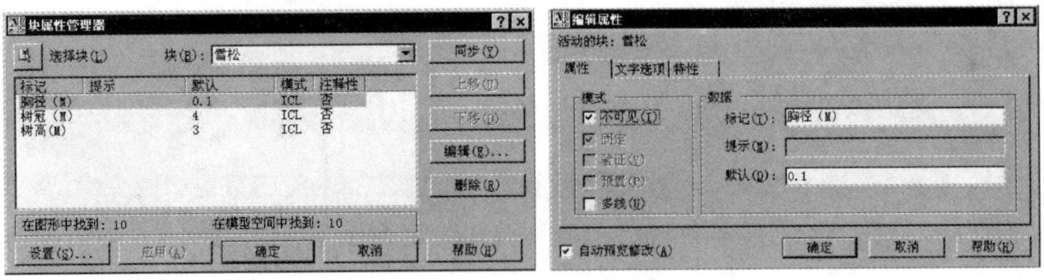

(a)　　(b)

图 3-24　块属性管理器和编辑属性

三、块属性的数据提取

命令的输入方法：

“工具”菜单：执行【工具】/【数据提取】/命令。

命令行：Eattext。

按钮：【修改Ⅱ】工具栏中 。

执行命令后弹出如图 3-25（a）所示的对话框，从中选择“创建新数据提取”单选钮，然后单击【下一步】按钮，出现“将数据提取另存为”对话框，分别输入新数据存储位置及名称。

单击【保存】按钮，进入"数据提取—定义数据源"对话框，如图 3-25(b)所示进行设置。

单击【下一步】按钮，计算机系统计算提取出图形文件中的图形对象，如图 3-26(a)所示，勾选"仅显示具有属性的块"复选框等如图所示。单击【下一步】按钮，出现图 3-26(b)所示的统计结果显示，根据类别过滤器即可选择需要统计的图形对象的数据。

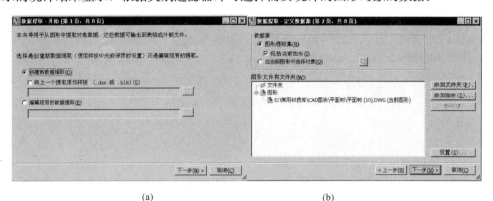

(a)   (b)

图 3-25 数据提取—开始和定义数据源对话框

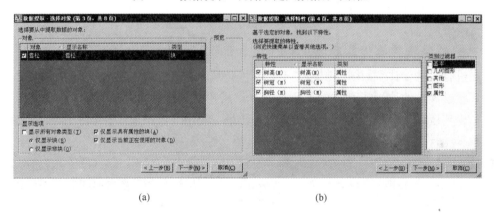

(a)   (b)

图 3-26 数据提取—选择对象和选择特性对话框

单击【下一步】按钮，计算机系统通过计算提取出需要的数据，然后生成表格形式，如图 3-27（a）所示。单击【下一步】按钮，进行输入设计，如图 3-27（b）所示。

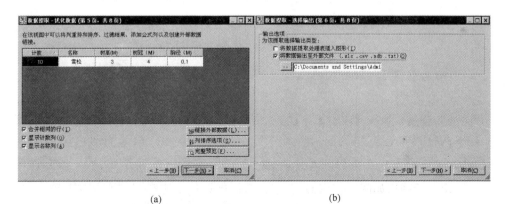

(a)   (b)

图 3-27 数据提取—优化数据和选择输出对话框

勾选"将图形输出至外部文件"复选框，并设置其输出路径和文件名，单击【下一步】按钮，完成指定的块的数据提取，如图 3-28（a）所示，并自动储存为一个 Excel 表格文件。根据储存路径可以找到这个 Excel 文件。

数据文件的插入可以选择 AutoCAD 的菜单栏中【插入】/【OLE 对象】命令执行，选择"由文件创建"单选钮，单击浏览按钮找到刚才设置的数据文件，单击【确定】按钮回到 AutoCAD 绘图区，根据光标指示插入图表，如图 3-28（b）所示。

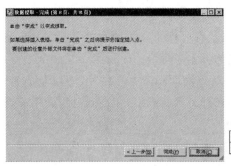

计数	名称	树高(M)	树冠（M）	胸径（M）
10	雪松	3	4	0.1

(a)　　　　　　　　　　(b)

图 3-28　数据提取—完成对话框和插入的图表

四、快速选择植物及数量统计

在进行园林设计平面图绘制时，不同树种会采用不同的图例表示，如果要统计的苗木是以具有属性的块形式存在的，那么就可以采用块属性的数据提取来进行数据统计了。如果要统计出一种以块形式存在的苗木数量，利用【快速选择】命令方法可以快速实现数量统计。

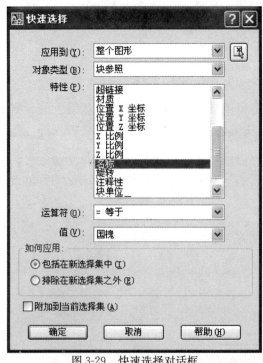

图 3-29　快速选择对话框

命令：菜单：【工具】/【快速选择】。

执行命令后弹出如图 3-29 所示的快速选择"对话框，各项设置如图所示：

单击【确定】按钮，回到 AutoCAD 绘图窗口，可看到信息栏提示"已选择 10 个项目"。用同样的方法还可以统计其他苗木的数量。

提示：使用【工具】/【快速选择】命令还可以根据对象类型快速选择同一图层、颜色、线形等的图形。

五、查询工具

AutoCAD 中专门提供了可以查询距离、面积、质量特性、坐标点、时间、状态、变量等的工具，是绘图的过程中常常需要对图纸进行确认和鉴定，少不了【查询】命令的运用。

（一）点坐标查询

命令：（简写 Id）；菜单：【工具】/【查询】/【点坐标】；按钮 ⯐ 。

（二）距离查询

命令：DIST（简写 DI）；菜单：【工具】/【查询】/【距离】；按钮 ⯐ 。

（三）测量面积

命令：AREA（简写 AA）；菜单：【工具】/【查询】/【面积】；按钮 ⯐ 。

提示：对于由简单直线、圆弧组成的复杂封闭图形，不能直接执行 AREA 命令计算图形面积。必须先使用菜单【绘图】/【边界】（命令：Boundary）命令给要计算面积的图形创建一个面域或多段线对象，再执行查询面积命令，在命令提示时选择"对象（O）"选项，根据提示选择刚刚建立的面域图形，AutoCAD 将自动计算面积、周长。

（四）列表查询

命令：List（简写 LI）；菜单：【工具】/【查询】/【列表】；按钮 ⯐ 。

【思考与练习】

1. 在选择对象时，从左向右拉动光标或从右向左拉动光标选择对象有什么区别？
2. 改变对象尺寸的方法有哪些？开水改变对象位置的方法有哪些？
3. 使用偏移命令绘制具有一定宽度的路面。
4. 连接两条未相交直线的方法有哪些？
5. 用直线命令绘制一矩形，怎样把它变成多段线。
6. 怎样修改用多线命令绘制的道路交叉口，然后再怎样进行圆角处理。
7. 修剪命令是否能编辑用多线绘制的图形？通过操作观察。

技能训练

技能训练一　图框和标题栏制作。

训练目标： 掌握 AutoCAD 常用编辑命令的使用方法。

操作提示：

1. 在项目二绘制 A3 图纸幅面线的基础上，运用直线、偏移、剪切等命令绘制图框及标题栏，尺寸如图 3-30 所示。

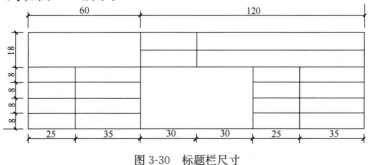

图 3-30　标题栏尺寸

2. 设置文字样式为"工程字"。单击【绘图】/【块】/【定义属性】命令，在出现的"属性定义"对话框中进行如图 3-31 所示的设置。输入文字并定义属性后，结果如图 3-32 所示。

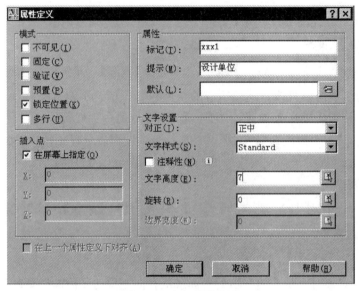

图 3-31　定义属性位置

×××1	建设单位	×××2		
	工程项目	×××3		
审定		×××4	图别	×××5
审核			图号	×××6
设计			比例	×××7
制图			日期	×××8

图 3-32　文字输入示例

3. 在命令行中输入 w 后确认，将刚才创建的图形写块。块名为"A3 图框"。结果如图 3-33 所示，以"A3 图框"为文件名存盘。

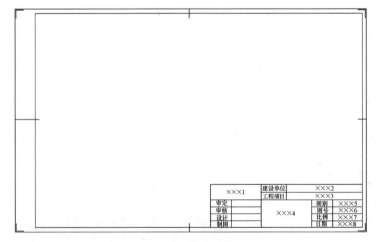

图 3-33　A3 图框及标题栏

技能训练二　绘制如图 3-34 所示的地面结构图。

训练目标：掌握引线标注及阵列命令使用方法。

操作提示：

1. 按图示绘制地面结构轮廓。

2. 填充图示图案。

3. 执行【多重引线】命令，将"最大节点数（M）"改为"3"。

4. 在"特性"对话框中，调整高度、箭头、箭头大小。

5. 阵列 5 行 1 列。

6. 双击引线文字，修改文字如图 3-34 所示。

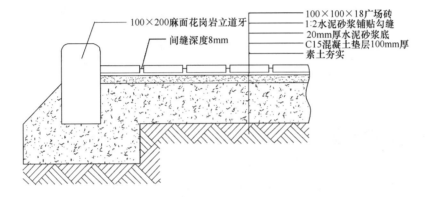

图 3-34　地面结构图绘制示例

项目四　园林二维图纸绘制案例

【内容提要】

园林工程图纸不仅是设计者设计思想的体现，也是指导园林工程施工的重要依据，通过本项目的学习，同学能够系统掌握园林工程图纸的绘制流程，包括绘图环境的设置、图形的绘制与编辑、图面的布局、图纸的打印输出等，从而巩固并加深 AutoCAD 的使用技巧，为尽快胜任工作岗位打下坚实基础。

【知识点】

插入图像和缩放图像的方法
绘图环境、图层的设置
图纸布局、打印输出设计

【技能点】

园林施工图纸的绘制步骤和方法
园林设计图纸的绘制步骤和方法

任务一　描绘小游园

在园林计算机辅助设计过程中的初步设计阶段，经常是用手绘图来表达设计意图，然后再用 AutoCAD 进行制图；或者是甲方提供现状图，设计人员在此图的基础上进行设计与 AutoCAD 制图。下面介绍用 AutoCAD 描绘底图的过程。

一、图像导入

打开 AutoCAD 软件，点击菜单【插入】/【光栅图像】，出现"选择图像文件"对话框，如图 4-1 所示。

图 4-1 "选择图像文件"对话框

在查找范围的下拉菜单中选择小游园，单击"打开"按钮，出现如图 4-2 所示的"图像"对话框。单击"打开"按钮，在绘图区确定插入点，回车，绘图区出现如图4-3所示插入的底图。

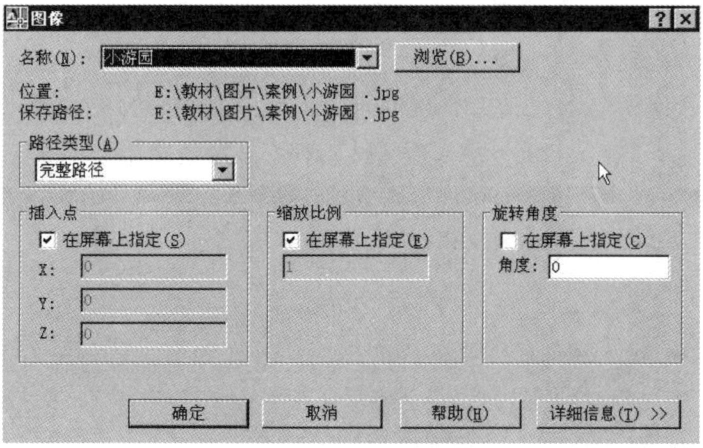

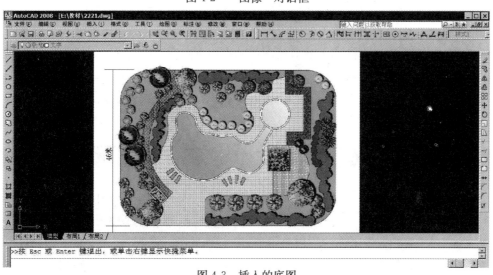

图 4-2 "图像"对话框

图 4-3 插入的底图

二、比例缩放

输入缩放命令，在"选择对象"提示下，选择底图，回车，在"指定基点"提示下，在图中任意位置单击，选择参照选项"R"，在"指定参照长度"提示下，用鼠标在图的上边界标注尺寸的两端点分别单击，在"指定新的长度"提示下，输入实际尺寸"46000"，回车，完成比例缩放。

三、图层设置

把光栅图像单独放在 0 层，然后把该光栅图像显示顺序后置（【工具】/【显示顺序】/【后置】），最后把该层锁定，在其他图层画图。

点击"图层特性管理器"按钮，出现"图层特性管理器"对话框。新建如图 4-4 所示的图层，单击"确定"，完成设置。

图 4-4　图层设置

四、描绘边界

以"边界"层为当前层，运用前面学过的命令描绘"底图"的边界，结果如图 4-5 所示。

五、图案填充

以"草坪"为当前层，执行"图案填充命令"，出现"图案填充和渐变色"对话框，选择填充图案，在比例栏中输入适当比例，然后单击"添加：拾取点"按钮，在图中草坪处单击，回车，回到对话框，单击确定，完成填充操作。用同样的方法填充广场、道路、花台、水体、小广场，结果如图 4-6 所示。

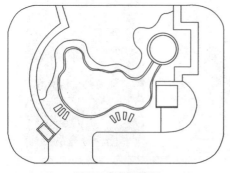

图 4-5　边界效果

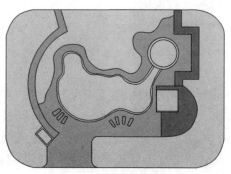

图 4-6　图案填充效果

六、种植植物

利用材质库中的植物平面图块，通过【插入】/【图块】命令设计种植植物，并调整图块的大小。利用修订云线，绘制灌木丛。结果如图 4-7 所示。

七、标注

1. 标注样式设置

打开菜单【格式】/【标注样式】，单击新建按钮，出现"创建新标注样式"对话框，输入新样式名称。

设置标注样式：将直线选项卡中基线间距设置为 1500，超出尺寸线设置为 700，将起点偏移量设置为 600，超出尺寸线设置为 700，将符号与箭头选项卡中设置箭头为"建筑标记"，文字高度设置为 900。

2. 标注

打开标注工具栏，以"标注"层为当前层。运用"线性标注"命令、基线标注命令、连续标注命令对图形进行标注。结果如图 4-8 所示。

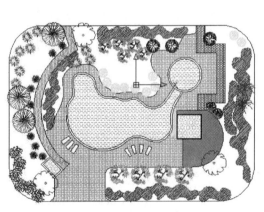

图 4-7　种植植物示例

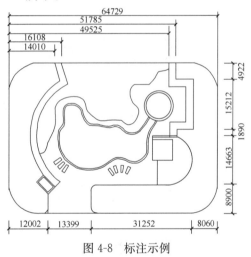

图 4-8　标注示例

八、插入图框

将绘制好的图框"随书光盘第一部分绘制案例小游园 A3 图框"插入图中，插入比例为 300，结果如图 4-9 所示。

九、图面布局

1. 插入植物种植表

打开菜单【插入】/【OLE】对象，出现"插入对象"对话框。选择"由文件创建"。然后，单击【浏览】按钮，找到需要插入的文档（Microsoft Word 或 Excel）。单击【打开】，回到"插入对象"对话框单击【确定】。回到画面后，用夹点编辑的方法调整文档的大小，并

图 4-9　插入图框示例

用移动工具将文档放到适当位置。

2. 输入图名及设计说明

打开菜单【格式】/【文字样式】，出现"文字样式"对话框，新建"图名"文字样式。对其参数进行适当设置。

运用"单行文字命令"和"多行文字命令"输入图名"小游园规划设计图"和"设计说明"。运用移动工具调整文字的位置。

3. 插入指北针及输入比例尺

打开"设计中心"对话框。选择一指北针，插入图中，放到右上角位置。

在表格的下端输入文字："比例尺：1∶300"（在插图框时，将图框放大了200倍，因此图的比例为1∶300）。图面布局完成，结果如图4-10所示。

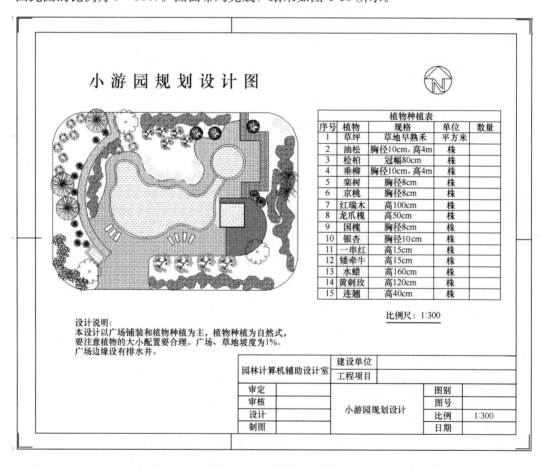

图 4-10　布局结果示例

十、打印输出

打开菜单【文件】/【页面设置管理器】，单击【新建】按钮，在新页面设置名中输入：小游园规划设计，在基础样式中选择"模型"。单击【确定】。

出现"页面设置—模型"对话框。在"打印机/绘图仪"中的名称右侧的下拉列表中选择打印机。在图纸尺寸中选择"A3"图纸。单击【确定】回到"页面设置管理器"。选择"小游园",单击【置为当前】按钮,关闭对话框。

打开菜单【文件】/【打印】。出现"打印-模型"对话框。在打印范围中选择"窗口"。

在"指定第一个角点:"的提示下,用鼠标捕捉图框外框的左上角。然后,捕捉右下角。回到"打印—模型"对话框。其他设置如图 4-11所示。

单击【预览】按钮。出现预览界面,如图 4-10 所示。然后,单击鼠标右键,在出现的快捷菜单中选择【打印】命令。打印机开始打印。

图 4-11 打印参数设置

任务二 园林施工图纸的绘制

一、绘制立体花坛施工图

操作提示:

按照"图像导入—比例缩放—设置图层—描绘边界—尺寸标注—插入图框"过程进行绘制,具体绘制步骤可参照小游园抄绘过程。也可打开 AutoCAD 软件,设置好图层后直接按图 4-12 中所给尺寸进行绘制(本书课件提供了 AutoCAD 原图)。

二、绘制花架施工图

操作提示:

按照"图像导入-比例缩放-设置图层-描绘边界-图案填充-尺寸标注-插入图框"过程进行绘制,具体绘制步骤可参照小游园抄绘过程。也可打开 AutoCAD 软件,设置好图层后直接按图 4-13 中所给尺寸进行绘制(本书课件提供了 AutoCAD 原图)。

三、绘制种植池施工图

操作提示:

按照"图像导入-比例缩放-设置图层-描绘边界-图案填充-尺寸标注-插入图框"过程进行绘制,具体绘制步骤可参照小游园抄绘过程。也可打开 AutoCAD 软件,设置好图层后直接按图 4-14 中所给尺寸进行绘制(本书课件提供了 AutoCAD 原图)。

四、绘制儿童活动广场施工图

操作提示:

按照"图像导入-比例缩放-设置图层-描绘边界-图案填充-尺寸标注-插入图框"过程进行绘制,具体绘制步骤可参照小游园抄绘过程。也可打开 AutoCAD 软件,设置好图层后直接按图 4-15 中所给尺寸进行绘制(本书课件提供了 AutoCAD 原图)。

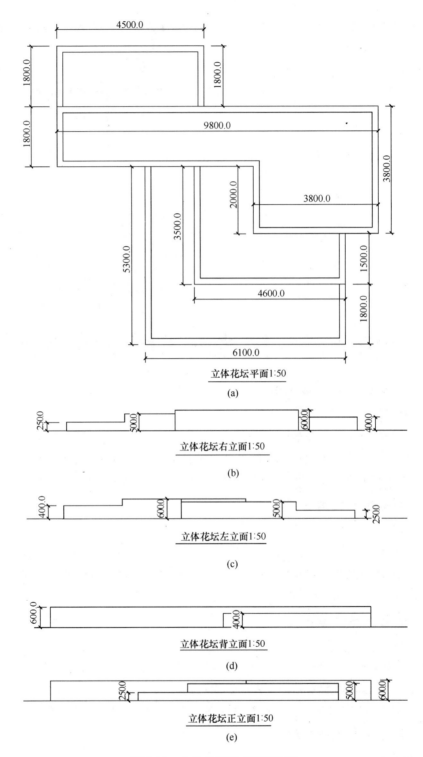

图 4-12　立体花坛施工图纸示例

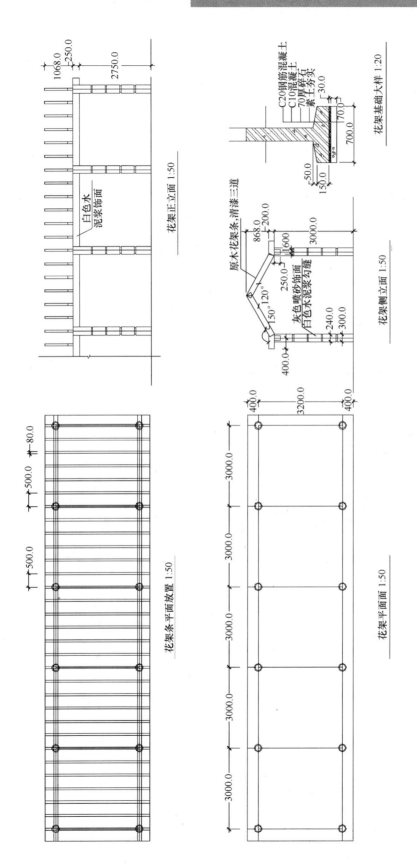

图 4-13　花架施工图纸示例

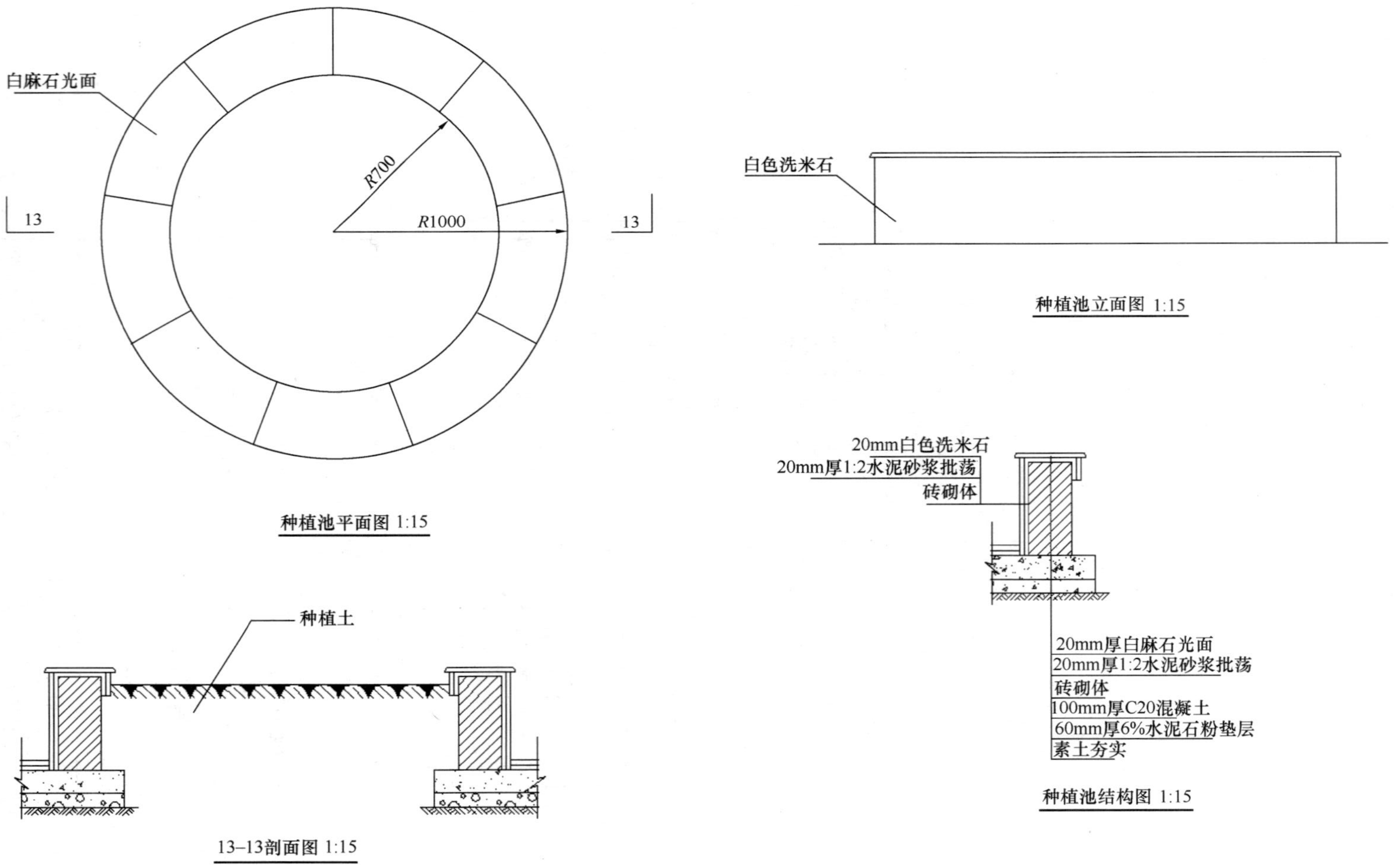

种植池立面图 1:15

白色洗米石

20mm白色洗米石
20mm厚1:2水泥砂浆批荡
砖砌体

20mm厚白麻石光面
20mm厚1:2水泥砂浆批荡
砖砌体
100mm厚C20混凝土
60mm厚6%水泥石粉垫层
素土夯实

种植池结构图 1:15

13

R1000

R700

13

白麻石光面

种植池平面图 1:15

种植土

13-13剖面图 1:15

图 4-14　种植池施工图图纸示例

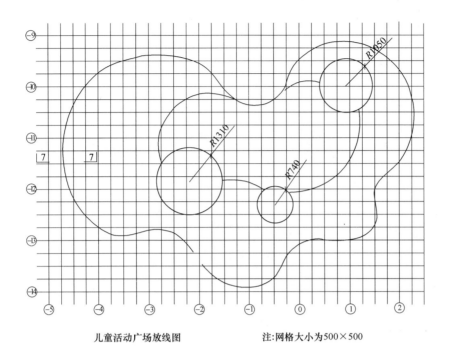

儿童活动广场放线图　　　　　　　　注:网格大小为500×500

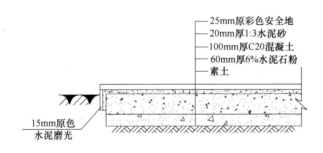

7-7儿童活动广场结构图1:15

图 4-15　儿童活动广场施工图纸示例

【思考与练习】

1. 图纸插入 AutoCAD 后，为什么要将其缩放到实际尺寸？
2. 写出园林图纸的抄绘过程。

技能训练

训练任务： 抄绘工业园区及水景平面线条图。

训练目标： 熟练掌握 AutoCAD 绘制园林图纸的过程、方法和技巧。

操作提示：

1. 打开 AutoCAD 软件，插入光栅图像"课件/第一部分/项目四/工业园区.jpg 文件"。

2. 按图中所给尺寸进行缩放。

3. 运用绘图及编辑命令抄绘工业园区图形线条，效果如图 4-16 所示（本书课件提供了 AutoCAD 原图）。

4. 同样方法抄绘水景平面线条图，效果如图 4-17 所示。

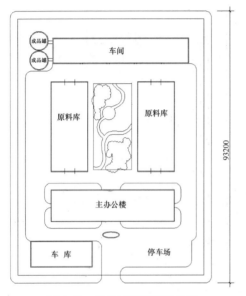

图 4-16　工业园区平面线条图

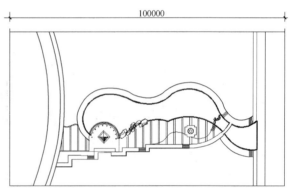

图 4-17　水景平面线条图

第二部分　3DS MAX 三维绘图篇

项目五 3DS MAX 快速入门

【内容提要】

3DS MAX 是世界上广泛应用于三维物体创建的工具。掌握其基础知识和基本操作方法，是提高绘图速度和保证图纸质量的重要条件，通过本项目的学习，使学生能够熟悉 3DS MAX 的工作界面、掌握 3DS MAX 的基本操作方法、用户界面和图纸单位设置方法，以及园林三大绘图软件结合使用方法等，为后续学习三维效果图制作奠定基础。

【知识点】

3DS MAX 安装与启动
3DS MAX 的工作界面
用户界面及图纸单位设置
CAD、3DS MAX、Photoshop 的结合使用

【技能点】

3DS MAX 命令面板、状态栏使用方法
视图控制工具、主要菜单选项的操作方法
渲染输出的设置

任务一 认识 3DS MAX

一、3DS MAX 安装与启动

(一) 3DS MAX 安装

1. 将 3DS MAX 软件安装光盘插入到计算机的光盘驱动器中。点击其中的"setup. exe"即进入安装界面。

2. 单击"安装产品",进入安装向导－单击"下一步"－单击"我接受许可协议"－单击"下一步"－弹出产品和用户信息对话框－输入你的姓名、单位等用户信息,输入软件序列号,如果只想试用可保持默认值－单击"下一步"－设置软件的配置信息,单击"安装"－等待安装主程序和选择的其他组件。

3. 安装结束后,系统显示安装完成界面,单击"完成"按钮即可。

(二) 3DS MAX 启动

3DS MAX 安装完成后会在桌面上生成一个快捷键图标,用鼠标左键双击图标或者在该图标上单击鼠标右键,在弹出的快捷菜单中选择"打开"命令,即可看到 3DS MAX 的启动画面。也可以通过单击"开始"/"程序"/ Autodesk/ Autodesk 3DS MAX /3DS MAX 命令启动软件。

二、3DS MAX 的工作界面

3DS MAX 的工作界面主要由标题栏、菜单栏、工具栏、提示栏、命令面板、视图区等内容组成。

(一) 标题栏与菜单栏

3DS MAX 的标题栏与其他软件一样列出了当前文件的基本信息,如文件的名称、软件名称、版本号等。

菜单栏由"文件"、"编辑"、"工具"、"组"等 14 个主菜单组成,单击任何一个主菜单均可以显示下拉菜单,下拉菜单还可以有次级菜单,每个菜单项目对应一个 3DS MAX 命令,单击即可执行相应的操作。

(二) 工具栏与状态栏

工具栏是成组排列着的许多图标按钮,默认开启的只有主工具栏,还有许多浮动工具栏可以通过菜单栏"自定义"－"显示"－显示"浮动工具栏"进行打开。工具栏上的每一个图标对应一个 3DS MAX 命令,将鼠标指针放置于一个图标上,其名称即显示在鼠标指针的右下角,而命令的功能提示显示在屏幕底部的提示栏上。工具图标右下角有黑色三角形标记表示单击鼠标左键不放可展开多重按钮。

1. 主工具栏

【撤销】：快捷键为〈Ctrl+Z〉,用于撤销前一次的操作,默认的撤销次数是 20 次。可以通过菜单"自定义"/"首选项"/"常规"面板中的场景撤销级别来设置撤销次数。

【重做】：快捷键为〈Ctrl+Y〉,用于恢复撤销的命令。

【选择对象】 ：用于选择一个或多个对象，被选中对象的线条显示为白色。

【按名称选择】 ：快捷键为〈H〉，根据物体的名称来选择对象，要求必须对文件中所有创建的物体赋予准确或可以识别的名称，以方便选择。在当前选择区域内物体比较集中或复杂，无法直接准确进行点选的情况下采用这种方式。

【选择区域】 ：设定选择物体时鼠标拖动区域的形状，有矩形、圆形、围栏、套索4种，常用的为默认的矩形形状。

【窗口/交叉】 ：使用窗口方式对物体进行框选时，只有完全包含在选择框内的物体才能被选择，类似CAD中从左向右框选方式。使用交叉方式框选物体时，只要部分在选择框内的物体即可被选择，类似CAD中从右向左框选方式。

【选择并移动】 ：快捷键为〈W〉，选择物体并对它进行移动操作。

【选择并旋转】 ：快捷键为〈E〉，选择物体并对它进行旋转操作。

【选择并缩放】 ：快捷键为〈R〉，选择物体并对它进行缩放操作。第一种缩放为选择并均匀缩放，在3个轴向做均匀缩放，只改变体积，形状不变。第二种缩放为选择并非均匀缩放，在指定轴向上做不均匀缩放，体积形状都要改变。第三种缩放为选择并挤压，在指定轴向上挤压变形，对象体积不变，形状改变。

【轴心点控制】 ：用于设置选择对象进行旋转和缩放的中心点。第一种轴心点控制为使用轴点中心，使用选择物体自身的轴心点作为变换的中心点。第二种轴心点控制为使用选择中心，使用选择对象集合的公共轴心点作为物体旋转和缩放的中心。第三种轴心点控制为使用变换坐标中心，使用当前坐标系的轴心点作为旋转缩放的中心。

【捕捉开关】 ：快捷键为〈S〉，用于在对象创建和修改时进行精确定位。第一种捕捉开关为二维捕捉，只捕捉当前视图构建平面上的元素，Z轴将被忽略。第二种捕捉开关为二点五维捕捉，是介于二维和三维间的捕捉，可将三维空间的特殊项目捕捉到二维平面上。第三种捕捉开关为三维捕捉，可在三维空间中捕捉三维物体。

【镜像并选择】 ：使物体沿设置的坐标轴进行镜像和复制操作。

【对齐】 ：快捷键为〈Alt＋A〉，用于当前选择对象按指定坐标方向和方式与目标对象对齐。常用的为第一种对齐，选择一个对象，按下此按钮后点击视图中的目标对象，在弹出的对话框中进行设置。第二种为法线对齐，将两个对象按各自的法线方向进行对齐。第三种为放置高光，通过对高光点的精确定位来进行对齐。第四种为对齐摄像机，将选择摄像机对齐目标对象所选择表面的法线，它的使用方法与放置高光类似。第五种为对齐视图，将选择对象自身坐标轴与激活视图对齐。

【材质编辑器】 ：快捷键为〈M〉，打开材质编辑器，对其中的材质进行编辑。

【渲染场景】 ：快捷键为〈F10〉，打开渲染设置框，设置渲染参数。

【快速渲染】 ：快捷键为〈F9〉，可按渲染场景或默认的设置快速渲染。

2. 浮动工具栏

【阵列】 ：单击此按钮弹出阵列对话框，可将选择的物体进行不同维度的阵列复制。

【间隔工具】：单击此按钮弹出"间隔工具"对话框，它能使物体在一条路径或空间中的两点间进行批量复制，还可以设置物体间的间隔方式和是否与路径曲线进行切线对齐。

【层】：通过把物体进行不同的逻辑分组来组合物体，与 CAD 中图层特性工具栏相似。

3. 状态栏

状态栏主要功能是显示场景活动的相关信息，也可以显示创建脚本时的宏记录功能。

【选择锁定切换】🔒：激活此按钮，可以将被选择的物体锁定，以免发生误操作。

【坐标控制】X:0.0　Y:0.0　Z:0.0：默认状态下显示鼠标当前的世界坐标值，数值为灰色，如果单击"选择并移动"或"旋转"、"均匀缩放"命令时，则显示物体的当前坐标值，数值为黑色字体，可以通过更改数值框中的数值来更改物体的坐标。

【绝对模式变换输入】⊡：单击此按钮，可以实现绝对坐标和相对坐标之间进行切换。

提示栏用于提示下一步的操作。当鼠标长时间放在某个按钮上时会弹出相应的按钮名称，此时提示栏中也会出现相同的提示。

（三）命令面板

命令面板位于整个界面的右侧，如图 5-1 所示，从左到右为创建面板、修改面板、层次面板、运动面板、显示和工具命令面板。

1. 创建面板

创建面板如图 5-2 所示，主要包括几何体、图形、灯光、摄像机、辅助对象、空间扭曲和系统七种类型物体。其中最常用的两个创建命令面板是几何体和图形创建面板。

图 5-1　命令面板　　　　　　　图 5-2　创建面板

【几何体】⬤：可分为 11 类，主要用于三维模型的创建，如图 5-3（a）所示。

【图形】⬤：可分为 3 类，主要用于二维线形的创建，如图 5-3（b）所示。

2. 修改命令面板

修改命令面板主要用于改变物体的参数，修改命令面板主要由名称和颜色、修改器列表、修改堆栈 3 部分组成，如图 5-4（a）所示。

名称和颜色：用于显示和修改对象

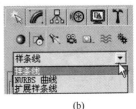

（a）　　　　　　（b）

图 5-3　几何体和图形命令面板

(a)　　　　　　　　　(b)

图 5-4　修改命令面板和修改器堆栈

的名字和颜色。

修改器列表：单击后面三角形可以展开修改器，内含多重修改命令，如图 5-4（b）所示。

修改堆栈：记录选择物体所有修改命令信息，按使用的先后顺序呈现。在修改堆栈中右击相应的命令可以对其进行编辑修改。

【锁定堆笺】 ：将修改堆笺锁定到当前对象。

【显示最终结果】 ：按下此按钮可暂时观察到最后修改效果。

【删除修改】 ：将选择的修改命令在修改堆笺中删除。

【配置修改器集】 ：单击此按钮选择"配置修改器集"命令会弹出如图 5-5 所示的对话框，可以将左侧修改器中修改工具直接拖动到右侧的按钮图标上，按钮图标的数量可以通过"按钮总数"调节，最后点击"保存"将自定义的集合设置保存。自定义的集合设置将显示在修改器列表下拉选项中的最上方。

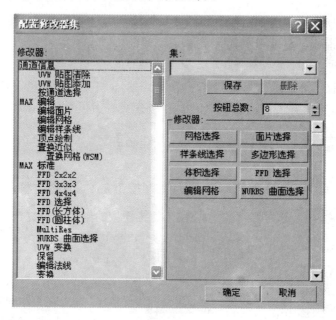

图 5-5　配置修改器集对话框

（四）视图窗口与窗口导航控制

1. 视图窗口

3DS MAX 的视图区中默认的视图窗口为顶视图（T）、前视图（F）、左视图（L）

和透视图（P）4个视图，如图5-6所示。在视图区中单击某个视图，该视图四周的边框显示为黄色，表示该视图为当前工作视图即处于激活状态。

在3DS MAX的使用过程中欲将视图变为默认视图或变为别的视图时，可在视图左上角的视图名称上右击，在"视图"中选择相应的视图即可完成视图的变化。

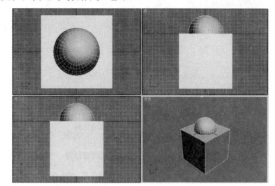

图5-6　四个视图

视图分为正交视图、用户视图和透视图3种。

正交视图：视图中物体的所有部分都与观察面平行。正交视图包括顶视图、底视图、前视图、后视图、左视图、右视图；

用户视图：视图中观察方向不与对象垂直，是以等角投射的方式来观察的，没有透视图中景深变化，如图5-7（a）所示；

透视图：按受光对象外形在深度方向上的投影，可以让人们从任意角度来观察所生成的场景，摄像机视图也属于透视图，如图5-7（b）所示。

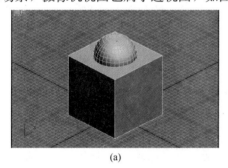 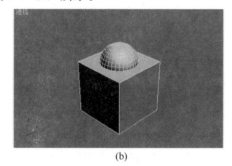

　　　　　　　　(a)　　　　　　　　　　　　　　　　　　　(b)

图5-7　用户视图与透视图

2. 窗口导航控制

导航控制主要由窗口界面右下角的视图控制按钮完成，视图控制区由8项工具按钮组成，可利用其进行视口的平移、缩放、旋转等操作。当活动视口是正交视图、透视图、摄像机视图时会智能化显示不同的视口控件，如图5-8所示。某些控件也是右下角有"黑色三角形"成组控件，使用时可展开使用。

(a)正交视图控件　　　　　　(b) 透视图控件　　　　　　(c)摄像机视图控件

图5-8　窗口导航控制

视图控制区常用的工具主要有：

所有视图最大化显示：将全部对象最大化显示在所有视图中。

最大化显示选定对象 🗗：将选定对象最大化显示在当前视图中。

缩放所有视图 🕀：同时缩放所有视图。

缩放 🔍：缩放当前视图。

最大化视口切换 🖳：活动视口切换为全屏显示，再次单击恢复为四视图显示。

弧形旋转 ⚙：使当前对象按纬线方向/经线方向旋转。

平移视图 ✋：平移当前视图。

缩放区域 🔍：在视图中放大某个区域。

（五）时间滑动块与动画控制区

如果当前制作的是动画场景，那么用户可以通过移动时间滑块确定动画时间，然后通过动画控制按钮设置动画。时间滑块上数值 0/100，表示当前动画场景时间设置是 100 帧，当前时间滑块所在的位置是第 0 帧。动画控制区域由制作和播放动画的按钮组成，如图 5-9 所示。

图 5-9　时间滑动块与动画控制区

（六）3DS MAX 坐标系

1. 坐标系

坐标系是进行对象变动的依据。3DS MAX 提供了 7 种坐标系，可以从主工具栏上的参考坐标系 视图 ▼ 下拉列表中选取并进行切换。主要有世界坐标系、屏幕坐标系、视图坐标系、局部坐标系和拾取坐标系 5 种。

最常用的坐标系为视图坐标系，它是世界坐标系（X 轴为水平方向，Z 轴为垂直方向，Y 轴为景深方向）和屏幕坐标系（X 轴为水平面向，Y 为垂直方向，Z 轴为景深方向）的结合。在透视图中使用世界坐标系，其他视图使用屏幕坐标系。

局部坐标系是物体自身拥有的坐标系。

拾取坐标系是在一个物体上使用另一个物体的自身坐标系。

2. 坐标轴心的控制

选择层次命令面板中的"轴"选项下的"仅影响到轴"命令，用移动工具进行操作。

任务二　3DS MAX 图纸定制

一、用户界面设置

在了解 3DS MAX 工作界面组成的基础上，可以进行视图布局的调整，同时也可以自定义用户界面。

（一）重新定位工具栏

在 3DS MAX 工作界面中，移动鼠标到工具栏或命令面板边框上，按住并拖动，可以将工具栏或命令面板拖到任何位置；还可以在命令面板或工具栏上右击，选择"停靠"或"浮动"选项，确定命令面板或工具栏的位置。

（二）改变视图大小

在默认状态下，3DS MAX 视图区的四个视图大小是相等的，将鼠标移动到视图交界处分割线时，无论是水平还是垂直分割线，鼠标指针都会变成双箭头，这时可通过移动鼠标来改变视图的大小，如图 5-10 所示；当鼠标指针移动到四个视图的交接中心时，鼠标指针会变成四箭头，这时可通过移动鼠标来改变 4 个视图的大小，如图 5-11 所示。

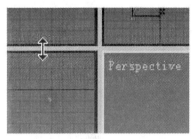

图 5-10　调整 2 个视图大小

图 5-11　调整 4 个视图大小

（三）设置自定义用户界面

在菜单栏上选择自定义菜单中的自定义用户界面，会弹出如图 5-12 所示的对话框。在对话框中，我们可以改变用户界面的情况，包括颜色设置、键盘快捷键设置和菜单设置。

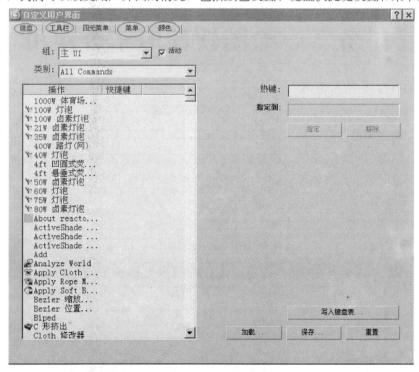

图 5-12　自定义用户界面

二、图纸单位设置

在 3DS MAX 中构建场景的模型也是按照实际的尺寸进行绘制，故在进行操作前需先进行单位的设定，要更改系统单位。可以选择【自定义】/【单位设置】命令，弹出"单位设置"对话框，如图 5-13 所示，将系统单位和显示单位设置为毫米。如果是打开其他的 3DS MAX 的文件，当出现单位不匹配的对话框时，选择采用文件单位比例，如图 5-14 所示。

图 5-13　单位设置

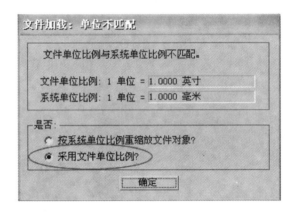

图 5-14　单位不匹配对话框

任务三　绘图软件的结合使用

一、DWG 文件的导入

1. 整理 CAD 文件，另存为 DWG/DXF 文件。

整理以毫米为单位绘制的 CAD 文件，保留 CAD 文件中图形的轮廓部分，关闭填充、标注、植物、图框等图层，修剪多余的线条，检查线条的闭合性，目的是节省系统资源，提高绘图速度。将整理后的 CAD 图形另存为 DWG/DXF 文件。

2. 将 3DS MAX 中的单位设置成毫米。

3. 导入整理好的 CAD 文件并成组后冻结。

单击【文件】/【导入】，选择文件类型为 `文件类型(T): AutoCAD 图形 (*.DWG,*.DXF)` ▼ ，导入 CAD 图形。选择所有的线条，单击【组】/【成组】，进行成组操作。将成组后的图形移动到世界坐标中心，方法为在移动图标上右击，进行如图 5-15 的设置。设置冻结的颜色为黑色，然后对线条进行冻结，方法为在线条上右击，选择"冻结当前选择"选项，如图 5-16 所示。如果线条比较简单，可以使用捕捉工作重描一遍线条，再进行建模；如果线条复杂，想使用原 CAD 线条直接建模，可以将 CAD 线条先复制一份，再进行冻结。

4. 按照导入的 CAD 文件建模。

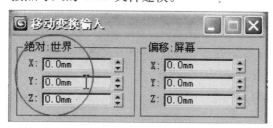

图 5-15 世界坐标归零

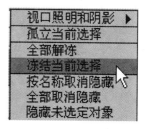

图 5-16 冻结

二、3DS MAX 文件的渲染输出

在制作模型、赋材质、设置灯光和摄像机等工作都完成后，进入渲染工作的环节。

1. 点击主工具栏 ，或者【渲染】/【渲染设置】，弹出如图 5-17 所示的渲染设置对话框，在对话框中可以进行参数的设定。

2. 在"输出尺寸大小"对话框中点击"图像纵横比"后的锁定图标，将输出画面的比例锁定为 1.3333。设置"宽度"和"高度"。在 4000×3000 的尺寸渲染出的图片可以打印 A0 幅面效果图，按 3200×2400 的尺寸渲染出的图片可以打印 A1 效果图，按 2400×1800 的尺寸渲染出的图片可以打印 A2 幅面效果图，按 1800×1200 的尺寸渲染出的图片可以打印 A3 效果图。但一般为了在后期制作环境贴图的精度的需求，基本上都按 4000×3000 的输出尺寸来渲染。即便是打印 A0 幅面以内的图片，其精度是有多无少已经足够了。

3. 为了使场景渲染输出的图片更加清晰，可在"渲染设置"中"渲染器"选项卡里的"过滤器"后的下拉选项中选择"Catmull-Rom"，对渲染的图像的边缘起到锐化的效果，如图 5-18 所示。

4. 回到"公用"选项卡，点击"文件"按钮，在弹出的"渲染输出文件"对话框中设置渲染效果图的保存名称和路径及文件类型，如图 5-19 所示。"保存类型"一般选择 Targa Imaga File（∗.TGA）格式，在弹出的"Targe 图

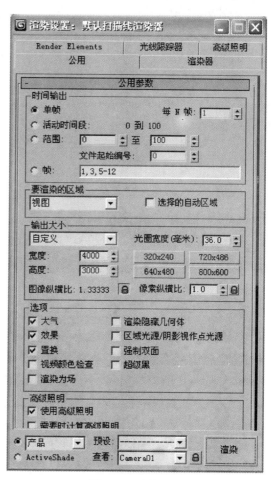

图 5-17 渲染设置

像控制"对话框中点击"确定",如图 5-20 所示。

图 5-19　渲染输出文件对话框

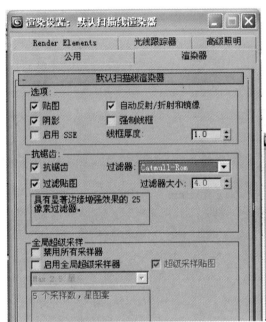

图 5-18　过滤器设置

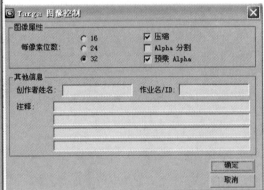

图 5-20　Targa 图像控制对话框

5. 所有设置完成后点击对话框右下角的"渲染"按钮,进行最终渲染。

三、与 PS 的结合使用

渲染输出的 TGA 格式的文件可以直接在 PS 中打开进行后期效果处理,包括添加不同层次的景观元素,最后保存生成最终园林效果图。

【思考与练习】

1. 使用 3D 的命令面板创建几何体或图形,然后练习使用工具栏中的常用工具进行编辑操作,熟悉各工具的操作方法和规律。

2. 在视图中创建一物体,然后在状态栏和修改命令面板中改变其位置和大小。

3. 将鼠标放在视图左上角,当鼠标指针发生变化时,点击鼠标右键,出现快捷菜单,点击命令进行视图之间相互转换。

4. 在视图中创建一物体,练习 8 种视图控制工具的操作方法。

5. 在视图中选择其中的一个物体,怎样操作可以在切换视图后还继续使该物体处于选择状态?

6. 怎样操作可以将视图中的物体处于坐标的中心？

 技能训练

技能训练一　物体的创建练习

（一）几何体的创建

训练目标：练习创建标准基本体下的所有几何体；扩展基本体下的切角长方体、切角圆柱体、胶囊体，并对照视图练习在修改面板中修改基本参数。

操作提示：

1. 物体创建后结合园林制图中视图关系理解相对应的正交视图，特别是组合的物体三视图关系。

2. 物体创建后及时在修改面板中将名称改成可识别名称。

3. 点击创建的物体，在修改面板中对其参数进行设置。

（二）线形的创建

训练目标：练习创建样条线下的线、矩形、圆、弧、圆环、多边形、星形、螺旋线等命令，并对照视图练习在修改面板中修改基本参数。

操作提示：

1. 物体创建后及时在修改面板中将名称改成可识别名称。

2. 点击创建的线形，在修改面板中对其参数进行设置。

技能训练二　物体的基本操作练习

（一）选择物体

训练目标：用 3 种不同的方法进行物体的选择，并对选中的状态进行比较。

操作提示：

1. 用"选择对象" ⬚ 工具选择。

（1）重置当前 3D 文件。

（2）对单位进行设定："自定义" － "单位设置"，对"系统单位设置"和"显示单位比例"设定为毫米。

（3）在顶视图中任意创建多个几何体。

（4）单击"选择对象" ⬚ 按钮，当鼠标指针形状变为十字形状时，单击物体进行点选，被选择的物体线条变为白色。每选择一个物体则右侧的修改面板随之变化。

（5）按住〈Ctrl〉键，连续点选完成加选操作；按住〈Alt〉键，在已经进行的选择基础上进行减选操作。

2. 用"按名称选择"工具进行选择

（1）在顶视图中任意创建多种类型物体（包括几何体、线型、灯光、摄像机等）。

单击主工具栏上"按名称选择"按钮 ⬚ ，出现"选择物体"对话框，如图 5-21 所示，所有的物体默认的"按字母顺序"进行排序，再按照其他类型选择物体。

（2）分别在"选择对象"对话框下点击"全部"、"反转"等选择方式按钮，观察被

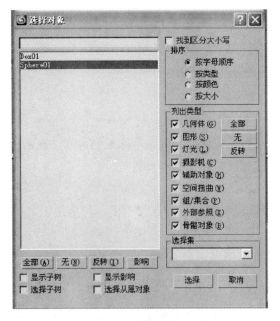

图 5-21　"选择物体"对话框

选择物体的变化。

（3）按住〈Ctrl〉键，逐个点选完成加选操作；点击开始的物体，按住〈Shift〉键同时点击结束的物体，完成连续选择。

3. 用"选择并移动"工具进行选择。

（1）在顶视图中任意创建多种类型物体。

（2）单击主工具栏上"选择并移动"工具按钮。

（3）当鼠标指针形状变为十字形状时，单击点选物体，被选择的物体线条变为白色。

（4）按住〈Ctrl〉键，连续点选完成加选操作；按住〈Alt〉键，在已经进行的选择基础上进行减选操作。

（二）物体的移动、旋转和缩放

训练目标：练习物体的移动、旋转和缩放方法。

操作提示：

1. 物体的移动

（1）重置当前 3D 文件，在视图中创建一个任意的几何体。

（2）单击主工具栏上的"选择并移动"按钮，在视图中刚创建的物体上单击，出现坐标轴，将鼠标放在 X 轴或 Y 轴上，这时单轴变成黄色，按鼠标左键拖拽使物体沿轴方向进行水平或垂直移动（单轴移动）。

（3）将鼠标放在坐标轴中央的轴平面上，该区域变为黄色，此时拖拽鼠标可在任意方向上进行移动（任意移动）。

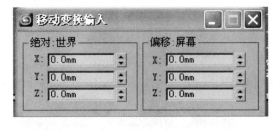

图 5-22　"移动变换输入"对话框

（4）在移动按钮上单击鼠标右键，弹出"移动变换输入"对话框，如图 5-22 所示，设置 X 轴/Y 轴偏移 100，观察几何体的移动方向变化。用鼠标右键单击绝对坐标/动态坐标数据框右侧的调整按钮，将数值转变为 0，使几何体位于世界坐标的中心。

2. 物体的旋转

（1）在顶视图中创建任意大小的茶壶，将其放置在世界坐标中心，并将所有视图最大化显示。

（2）单击主工具栏上的"选择并旋转"按钮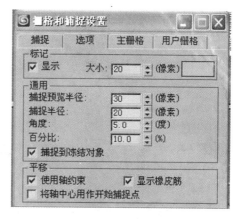，选择刚创建的茶壶，视图中出现旋转轴，红、绿、蓝三种颜色分别对应 X、Y、Z 三个轴向，当前被选的旋转轴会显示为黄色。

（3）单轴旋转：沿 X、Y、Z 轴单轴拖动，可以完成绕单轴旋转。

（4）任意旋转：在不选择任何轴向的基础上，按鼠标左键在空白处拖动，可进行任意方向的自由旋转。

（5）当鼠标在内圈上沿圆弧方向进行拖动时，会出现扇形区域，提示旋转的角度和切线方向。

（6）设置旋转的角度。方法一，右击"角度捕捉切换"按钮，出现"栅格和捕捉设置"对话框，如图 5-23 所示，将"通用"下的"角度"值更改为 45 度并回车，完成旋转角度的设置。关闭"栅格和捕捉设置"对话框，激活"角度捕捉切换"按钮，按各个方向旋转，观察旋转的结果。

图 5-23 "栅格和捕捉设置"对话框

方法二，右击"选择并旋转"按钮，出现"旋转变换输入"对话框，如图 5-24 所示，在右侧的"偏移：屏幕"下 X 轴后的数值框中输入 90 并回车，观察屏幕中当前视图的旋转变化。然后输入键盘上的 ESC 命令，并结合上一步（Ctrl＋Z）命令回到原始状态，再次在 Y 轴后的数值框中输入 90 并回车，观察其变化。同理对 Z 轴进行操作。可变化视图再进行试验，视图不同即使都是在"X 轴"后输入数值，效果也不同，分析其原因。

3. 物体的缩放

（1）"选择并缩放"工具为 3 个缩放工具组成的工具组（右下角有黑色三角符号），选择当前场景中的茶壶，单击"选择并均匀缩放"按钮，拖动不同的缩放轴，可以进行不同轴向上的缩放；拖动两轴之间的三角区域可进行等比缩放，如图 5-25 所示。

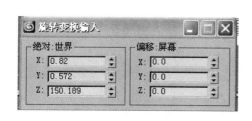

图 5-24 旋转变换输入

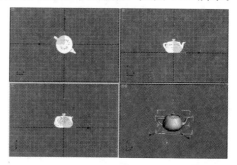

图 5-25 物体的缩放

（2）单击"选择并非均匀缩放"按钮，拖动不同的缩放轴及中间的三角区域，对其进行不同轴向的非均匀缩放。

（3）单击"选择并挤压"按钮 ，拖动不同的缩放轴及中间的三角区域，对其进行不同轴向的挤压操作，挤压对象的总体积不变。

（4）无论哪种缩放均可以通过右击当前缩放按钮，通过输入精确数值的方式来缩放当前对象。

（三）物体的复制

训练目标： 练习物体的复制，并且比较 3 种复制方法的不同。

操作提示：

1. 重置当前文件，设定单位，在视图中创建一个圆柱体，参数如图 5-26 所示。

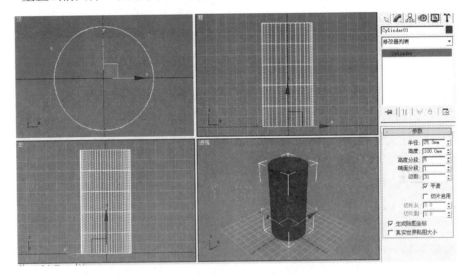

图 5-26　圆柱体的参数设置

2. 克隆复制。激活"选择并移动"按钮 ，选择原始物体，按住〈Shift〉键不放的同时拖拽至原始物体的右侧，松开鼠标左键和〈Shift〉键，会出现"克隆选项"对话框，如图 5-27 所示，将"对象"下的参数选择"复制"方式，"副本数"选择 1 个，点击确定，即在原始物体的右侧以克隆复制的方式复制出新物体，如图 5-28 所示。

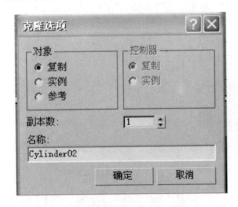

图 5-27　克隆选项　　　　　　　　　　图 5-28　克隆复制结果

3. 实例复制。再次选择原始物体，以同样的快捷方式复制出第三个圆柱体，但在弹出的"克隆选项"对话框，将"对象"下的参数选择"实例"方式。

4. 参考复制。第三次选择原始物体，以同样的快捷方式复制出第四个圆柱体，但在弹出的"克隆选项"对话框，将"对象"下的参数选择"参考"方式。

5. 三种复制方式的比较。选择原始物体，在修改器列表中选择一个命令，例如"锥化"命令，修改锥化数量，会发现随之产生变化的物体有原始物体、实例复制的物体和参考复制的物体，如图 5-29 所示。

这说明当原始物体有变化时，以实例和参考模式复制出来的物体也随之变化，以克隆复制出来的物体没有变化。

图 5-29　复制方式比较

按〈Ctrl＋Z〉上一步，取消对原始物体的锥化操作，分别对以不同方式复制出来的物体进行锥化操作，会发现原始物体和克隆复制出来的物体之间没有任何联系；实例方式复制的物体和原始物体中的任何一个进行修改，都会同时影响到另一个；当对原始物体进行修改时会影响到以参考方式复制出来的物体，但参考复制品自身的修改不会影响到原始物体。

（四）镜像工具的使用

训练目标： 练习镜像工具的使用。

操作提示：

1. 重置当前文件，设定单位，在视图中创建一个半径为 50mm 的茶壶。

2. 选择茶壶，单击主工具栏上的"镜像"按钮，出现"镜像：屏幕 坐标"对话框，设定参数，如图 5-30（a）所示。变化镜像轴及其他参数，观察视图变化，如图 5-30（b）所示。

(a)

(b)

图 5-30　镜像参数设置及效果

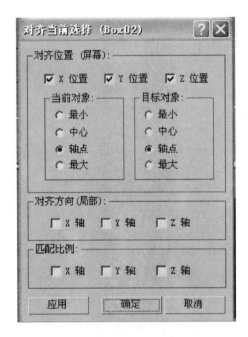

图 5-31 "对齐当前选择"对话框

（五）对齐工具的使用

训练目标：练习各种对齐设置。

操作提示：

1. 重置当前文件，设定单位，在视图中创建两个任意尺寸的长方体。

2. 选择其中一个长方体作为当前对象，单击主工具栏上"对齐"按钮，单击另一个长方体（目标对象），出现"对齐当前选择"对话框，设定参数如图 5-31 所示，观察对齐效果。更改参数再次观察效果。

（六）阵列工具的使用

训练目标：练习阵列方法，熟悉"阵列"对话框的设置。

操作提示：

1. 矩形阵列：选择完成对齐操作的两个长方体，右击主工具栏，点击附加工具栏上的阵列按钮，出现"阵列"对话框，设定参数如图 5-32 所示，单击"预览"，如效果不需要修改单击"确定"，观察结果如图 5-33 所示，分析其中参数的含义。

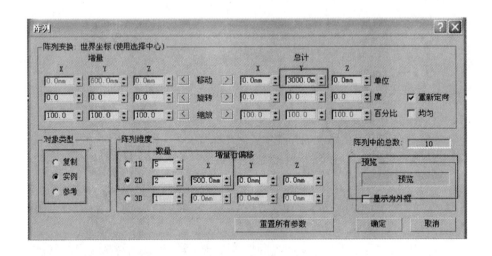

图 5-32 阵列对话框

2. 环形阵列：

（1）使用组合键〈Ctrl＋Z〉回到初始状态，在顶视图新建一圆柱体，将其移动至世界坐标中心，并使大小长方体放置于圆柱体的一侧。

（2）选择大小两个长方体，在主工具栏上的"参考坐标系"下拉选项中选择"拾取"选项，如图 5-34（a）所示，在顶视图单击圆柱体，再选择"使用变换坐标中心"

命令，使两个长方体的坐标中心与圆柱体的坐标中心重合，如图 5-34（b）所示，这样两个长方体的坐标中心由"使用轴点中心"变换为"使用变换坐标中心"，观察先后坐标中心图标的变化。

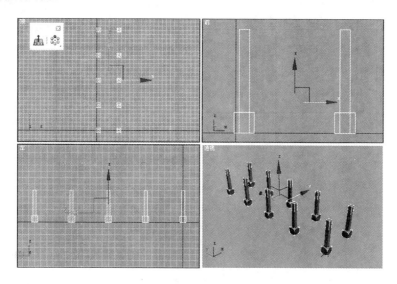

图 5-33　矩形阵列效果

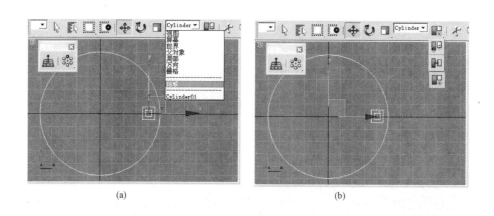

图 5-34　"参考坐标系"下的拾取操作和"使用变换坐标中心"操作

（3）单击"阵列"按钮，出现"阵列"对话框，先单击"重置所有参数"使"阵列"对话框回到初始状态。按照图 5-35 进行参数设定，单击"预览"，如效果不需要修改单击"确定"，观察结果如图 5-36，分析其中参数的含义。

（七）间隔工具使用

训练目标：练习间隔工具的使用。

操作提示：间隔工具与 CAD 中的定距等分和定数等分命令相似。

1. 打开几何创建面板下的"AEC 扩展"面板，通过直接拖拽的方式在视图中创建任意一棵植物，如图 5-37 所示。

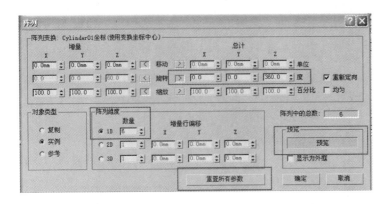

图 5-35　环形阵列对话框

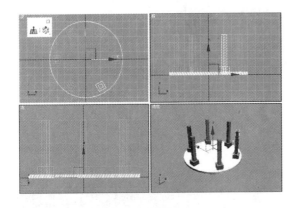

图 5-36　环形阵列效果　　　　　　　　　图 5-37　植物的创建

2. 通过线条创建面板下的"线"命令，在顶视图创建任意一条曲线。默认的线的创建类型为折线，方法为鼠标左键顺次点击即可，如果想创建曲线，需要鼠标左键在点击的同时进行拖拽。把植物放在曲线的一头端点上，如图 5-38 所示。

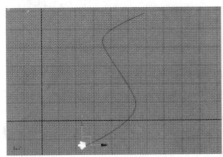

图 5-38　植物与曲线的创建

3. 选择植物，当鼠标在主工具栏上出现小手状时右击，选择附加工具栏中的间隔工具，出现间隔工具对话框，设置参数，如图 5-39 所示。点击"拾取路径"按钮，在顶视图中单击曲线，点击"应用"并"关闭"间隔工具对话框，效果如图 5-40 所示。

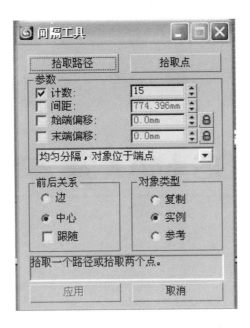

图 5-39 间隔工具对话框

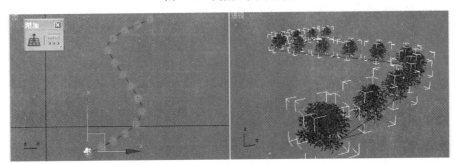

图 5-40 间隔工具使用效果

项目六　3DS MAX 基本绘图

【内容提要】

　　在园林中三维模型的建立主要有两种方法，一种是由二维图形结合一些二维转三维的修改器完成模型的构建；另一种是使用现有的三维建模命令直接进行构建，再使用一些三维修改器进行修改、变形等操作。通过本项目的学习，使学生能够掌握创建模型和修改模型的基本方法，为熟练制作各类园林效果模型奠定基础。

【知识点】

　　二维图形的创建方法
　　二维图形到三维模型的建立过程
　　三维物体的创建方法、编辑方法

【技能点】

　　二维图形点、线段、样条线次物体级的编辑方法
　　三维模型修改器工具的应用
　　常见复合对象创建方法

▍任务一　3DS MAX 二维图形创建

一、二维图形的创建与编辑

（一）二维图形的创建

进入创建命令面板，单击"图形"按钮，在"样条线"创建面板下提供了 11 个命

令按钮，可以直接点击进行二维图形的创建，如图 6-1 所示。创建二维图形的方法有两种，视图拖拽创建和键盘输入创建。

1. 线的创建

（1）折线

视图点击创建：单击"样条线"创建面板下"线"创建按钮 ▐　　线　　▌，在任意一个正交视图（顶视图/前视图/左视图）中顺序点击，右击结束折线的绘制命令。当线条的起点和终点重合点击时，系统会提示是否闭合，如果绘制闭合线条需点"是"，如图 6-2 所示。

键盘输入法创建：单击"样条线"创建面板下"线"创建按钮 ▐　　线　　▌，将线创建面板下的"键盘输入"展卷栏前的"＋"点开，出现 X 轴、Y 轴、Z 轴坐标数值输入框，当 X 轴、Y 轴、Z 轴均为 0 时点击"添加点"按钮，如图 6-3（a）所示，然后将 X 轴、Y 轴、Z 轴设定为 100、0、0，再点击"添加点"按钮，如图 6-3（b）所示，这时视图中就会出现一条长为 100 的水平直线段，此时可以通过"完成"按钮结束线段的

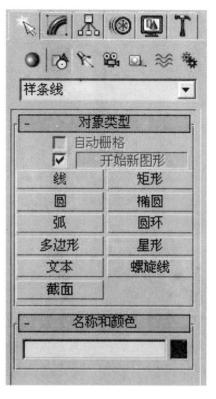

图 6-1　"二维图形"创建面板

绘制，也可继续设定 X 轴、Y 轴、Z 轴数值，再次"添加点"的方式继续绘制折线直至结束。

提示：此时的 X 轴、Y 轴、Z 轴数值均为绝对坐标。

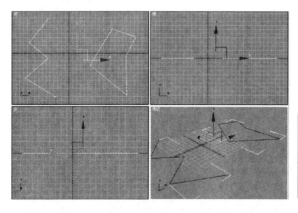

图 6-2　视图点击创建折线

（2）曲线

视图点击创建：单击"样条线"创建面板下"线"创建按钮 ▐　　线　　▌，在任意一个正交视图（顶视图/前视图/左视图）中逐点单击的同时拖动创建样条线。当线条的起点和终点重合点击时，系统会提示是否闭合，如果绘制闭合线条需点"是"。

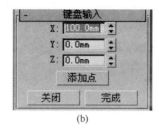

(a)   (b)

图 6-3　键盘输入法绘制折线

键盘输入法创建：将系统默认的线的创建方法中"初始类型"改为平滑，如图 6-4 所示，这样通过在视图中点击的方式就可以创建样条线。"键盘输入"的方式同样有效。

（3）矩形、圆、弧、多边形的创建

单击"矩形"创建按钮   **矩形**   ，在任意正交视图中点击并拖拽鼠标至矩形的对角线端点，松开鼠标结束矩形的绘制。打开修改面板，在"参数"卷展栏中设置长度和宽度值为 500mm，角半径为 100mm。

单击"矩形"创建按钮   **矩形**   ，在键盘输入卷展栏中，将 X 轴、Y 轴、Z 轴数值均设定为 0，长度和宽度值设定为 500mm，角半径设定为 100mm，点击"创建"按钮，如图 6-5 所示，点击右下角视图控制区的"所有视图最大化"按钮，观察结果。

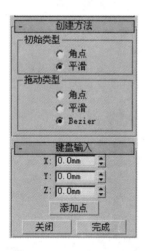

图 6-4　键盘输入法创建样条线

图 6-5　键盘输入法创建矩形

利用同样的方法练习圆、弧、多边形的创建。

2. 文字的输入

书写的文字主要用来做三维建模的截面图形，文字挤出后的三维模型可用来做地面上的模纹图案或建筑物上的大型广告牌等对象。

（1）点击"文本"创建按钮   **文本**   ，在视图中通过点击的方式创建文本。

（2）打开修改面板，在"参数"卷展栏中文本框下输入"园林计算机辅助设计"，观察视图效果。更改文字大小，字符间距以及文字样式，观察视图效果。

（二）二维图形的编辑

在 3D MAX 中绘制出的二维图形多数时候需要进一步的编辑才能满足设计需求，图形对象可在不同的层级上进行编辑，每个层级上可进行的编辑也有所不同。

1. 顶点次物体级

在视图中任意创建一个二维图形，进入其修改命令面板，在修改器列表中选择【编辑样条线】命令或直接在二维图形上右击快捷菜单选择【转换为】—【转换为可编辑样条线】命令。单击修改器堆栈中【编辑样条线】前加号，单击"顶点"子对象层级，使顶点子对象层级处于激活状态，出现顶点次物体层级参数。如图 6-6 所示。

图 6-6　顶点次物体级参数

选择图形某个顶点，在选择的顶点上右击，在右键快捷菜单中设置顶点的类型，如图 6-7 所示。顶点的类型有四种，一是角点类型，此种类型的顶点两边的线段呈现任意角度；二是平滑类型，通过此顶点的线段是光滑线段；三是 Bezier 类型，在顶点的两边产生带有控制手柄的曲线，在调节时顶点两边线段的弯曲度是同时调节的；四是 Bezier 角点类型，在调节时顶点两边线段的弯曲度是分别调整的，不影响另一端的线段弯曲度。

图 6-7　顶点类型

（1）选择卷展栏

锁定控制柄：在选择了多个顶点时，如果它们属于贝塞尔或贝塞尔角点性质，会显示出绿色的调节手柄。不勾选此选项，调节手柄仅影响它所在的点的曲度，如果勾选此选项，会影响所有与它"相似"或"全部"带手柄的点的曲度。常用它调节一组顶点的弯曲效果。

区域选择：选择顶点时，在设置区域的范围内的所有顶点都会被同时选择，区域的范围是由右侧的数值框控制。

显示顶点编号：在视图中显示顶点的编号，起始顶点的编号为 1，其余顶点的编号依次向下排列。在封闭的二维图形中如果没有起始点编号 1，或有多个起始点编号为 1，说明这个二维图形没有闭合。此种方法可以用来检查二维图形是否闭合。

仅选定：勾选此选项，则只显示被选择顶点的编号。

（2）几何体卷展栏

创建线：该命令的使用方法与二维图形创建面板下的"线"一样，可以通过点击或拖拽的方式在视图中创建任何线型，不同的地方在于创建出的任何线都作为当前线型的一部分，而非独立于当前线型外。

附加：使用此命令，在视图中点取其他的样条线，可以将该线条与当前线条连接为一体。如果勾选"重定向"，则连接进来的二维图形与当前图形位置对齐。

附加多个：可以一次将多个二维图形附加在一起。

断开：将选择的顶点进行打断，成为两个顶点。

优化：在两个顶点间的线段上添加新的顶点。

自动焊接：如果勾选此项，可以将选择的一个顶点移动到另一个顶点上自动焊接成一个顶点。

焊接：设置阈值为两个断开顶点的实际间距，选择这两个顶点，点击此按钮则可以将这两个顶点焊接为一个顶点。如果没有成功可以适当将阈值调大。

连接：适用于在断开的两个顶点之间连接一条新的线段，连接两个断开的点，在一个端点处拖拽鼠标到另一个端点，出现连接符后，松开鼠标即可。

插入：在选择点处单击鼠标左键，会加入新的点，不断单击鼠标左键可以不断加入新点，单击右键停止插入。

设为首顶点：指定作为曲线起点的顶点，在放样时它们会确定截面图形之间的相对位置。

圆角：对选择的顶点进行倒圆角处理，右侧的数值框中可以调节圆角的大小。

切角：对选择的顶点进行倒直角处理，右侧的数值框中可以调节倒角的大小。

操作实例1　二维图形子对象顶点的编辑

①对 3D 进行重置并设定系统单位，单击图形命令面板的【矩形】，在顶视图中创建一个任意矩形。

②进入修改面板，选择【编辑样条线】命令，进入顶点次物体级。

③选择图形的所有顶点，并在其中的任意一个顶点上右击，分别选择快捷菜单中的四种顶点类型，并分别观察其图形效果。

④选择一个或多个顶点，改变【圆角】命令的数值，观察图形的变化。

操作实例2　点的添加删除

①选择已创建的矩形，进入修改面板中，选择【编辑样条线】命令的顶点次物体级。

②点击几何体展卷栏中的【优化】命令，将鼠标移动到矩形的某条线段上，当光标变为插入点图标 时单击左键，在边上进行点的添加。练习在其他边上进行点的添加，添加结束后再次单击【优化】按钮，结束命令。

③选择某个顶点，按键盘上的〈Delete〉键，观察点的变化。

④通过添加点及将顶点类型选为 Bezier 角点，调节每个角点的平衡棒，移动顶点的位置，设计一创意模纹图形。

2. 分段次物体级

单击修改器堆栈中【编辑样条线】前加号，单击"分段"子对象层级，使分段子对象层级处于激活状态，出现分段次物体级几何体卷展栏参数。如图 6-8 所示。

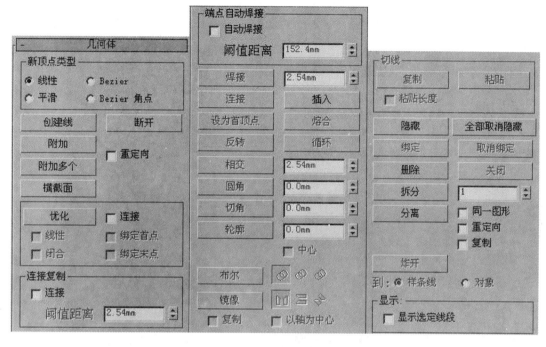

图 6-8 分段次物体级

拆分：将当前线型上的某条线段通过插入顶点的方式拆分成若干段，右侧的数据框决定插入顶点的数量。

分离：将当前线型的某条线段分离成为一个独立于当前线型的物体，如果在分离前勾选"复制"，则将以复制的方式分离当前所选线段，保留原有线段的完整性。

操作实例 1　二维图形中部分线段的删除、拆分

①系统重设，在顶视图创建一矩形。

②进入修改面板，选择【编辑样条线】命令，进入分段次物体级。

③选择矩形的一条边，单击几何体展卷栏中的【删除】或键盘上的〈Delete〉键，将选择的边删除。

④选择矩形的另外一条边，找到【拆分】按钮，设置拆分线段为 2，单击【拆分】按钮，此时可以看到线段上一下添加了两个新点，线段已经被分成 3 段。

操作实例 2　二维图形中部分线段的分离

①选择已创建的矩形，进入修改面板中，选择【编辑样条线】命令的分段次物体级。

②选择矩形的一条边，勾选【分离】按钮后的"同一图形"选项，点击【分离】按钮，将刚才选择的边移动到别处，观察图形。退出分段次物体级，点击矩形的任意一条边，会发现原矩形的四条边均变为选择状态，说明在"同一图形"选项下进行分离的线段和原图形还属于同一个图形。

③按键盘上的〈ESC〉键，然后〈Ctrl＋Z〉上一步，回到没有进行分离时的状态。进入【编辑样条线】命令的分段次物体级，选择矩形的另一条边，勾选【分离】按钮后的"重定向"，点击【分离】按钮，设定分离出的线段名称，并将线段移动到别处。退出所有命令，点击刚刚分离出的那条边，观察结果。

④按照上述的步骤，观察线段"复制"分离出的结果。

3. 样条线次物体级

单击修改器堆栈中【编辑样条线】前加号，或单击"样条线"子对象层级，使样条线子对象层级处于激活状态，出现样条线次物体级几何体卷展栏参数。如图6-9所示。

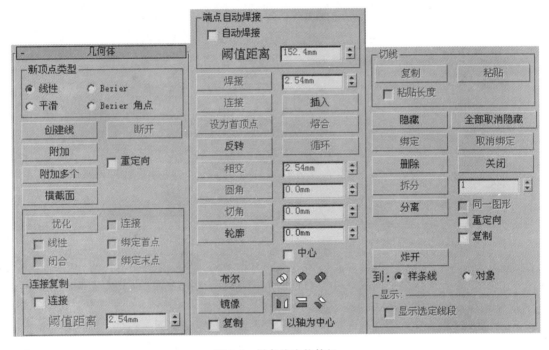

图 6-9　样条线次物体级

反转：将一条曲线的首端和尾端相互颠倒，常用于放样路径和运动路径方向的调整。

轮廓：将选择的曲线扩展为闭合的偏移曲线，如果勾选"中心"选项，则扩展的曲线是以原曲线为中心向内向外扩展。

布尔：提供并集、差集、交集三种运算方式，先确定运算方式，然后单击此按钮，在视图中点取另一个图形。布尔运算只适用于同一个物体上的、有重合部分的不同封闭图形进行运算。

镜像：先选择样条线，再选择镜像方式（水平、垂直、双向），单击镜像按钮进行操作。如果勾选"复制"选项，会产生一个镜像复制品。

修剪：对样条线中有交叉的部分进行修剪，效果同CAD中的TR修剪命令。

关闭：将非闭合的样条线首尾相连，生成闭合样条线。

分离：将当前选择的样条线分离成为一个独立于当前线型的物体，如果在分离前勾选"复制",则将以复制的方式分离当前所选样条线,保留原有线型的完整性。

操作实例1 样条线的轮廓偏移

①进行系统重设,建立一个新场景。单击图形命令面板的【线】命令,在顶视图绘制一条如图 6-10(a)所示的折线。

②进入修改面板,激活顶点次物体级,将所有顶点的类型均变为 Bezier 角点,调节顶点的平衡棒,效果如图 6-10(b)所示。

③激活样条线次物体级,点击曲线,当线条的某个部分被选择上时,该部分线条的颜色会变为红色。单击【轮廓】按钮,将鼠标移动到曲线上,当光标变为轮廓图标 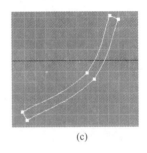 时拖拽鼠标,移动到合适的位置时松开,结果如图 6-10(c)所示。

④也可以通过输入【轮廓】按钮后的距离值的方式得到相同的结果。如果勾选"中心"选项,那么线条就是以原线条为中心向内外同时偏移。

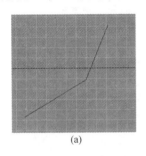
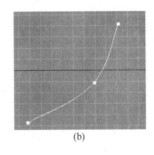

(a)　　　　　　　　　(b)　　　　　　　　　(c)

图 6-10　样条线的轮廓偏移示例

操作实例2 二维线段的布尔运算

①使用操作实例1中制作的偏移后的曲线。进入修改面板,激活顶点次物体级,将顶点移动到合适的位置,调节所有顶点的角点平衡棒,结果如图 6-11(a)所示。

②回到创建面板,创建一个圆形,放在模纹图形曲线的上方,如图 6-11(b)所示。

③选择曲线,进入样条线次物体级,单击【附加】按钮,点击圆形,将两个图形附加为一个整体,如图 6-11(c)所示。对图形进行移动复制,作为后面修剪的对比参照。

④选择原曲线,使曲线变为被选择时的红线状态,点击【布尔】按钮后面的选择集类型为【并集】,单击【布尔】按钮,点击视图中的圆形,结果如图 6-11(d)。

⑤按键盘上〈ESC〉键,然后〈Ctrl+Z〉上一步,点击【布尔】按钮后面的选择集类型为【差集】、【交集】,分别观察结果。

操作实例3:二维线段的修剪

①选择原图形复制的对比参照图形,进入该线条的样条线次物体级,单击【修剪】,逐一点击视图中需要修剪掉的线条,结果也如图 6-11(d)所示。

②将"布尔"后的图形和"修剪"后的图形比较。选择其中任何一个图形,进入顶点次物体级,勾选"选择"展卷栏中的"显示顶点编号",观察图形中编号的顺序。再将另一个图形执行同样的操作,观察显示的顶点编号情况,结果如图 6-12 所示。在(a)中会发现顶点的编号为以 1 开始的一套顺序编号,而(b)中则出现有两个由 1 开始的顺序编号,这主要是由于修剪操作后图形在接点处的两个顶点实际是断开的原因。

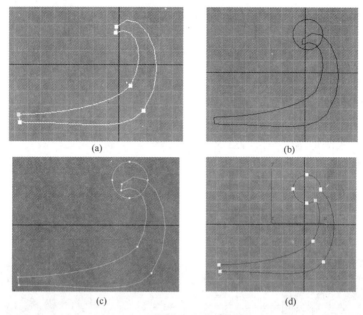

(a)　　　　　　　　　　　　　　(b)

(c)　　　　　　　　　　　　　　(d)

图 6-11　二维图形的布尔运算示例

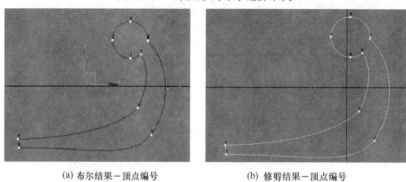

(a) 布尔结果-顶点编号　　　　　　(b) 修剪结果-顶点编号

图 6-12　"布尔"与"修剪"的对比

　　注意：对两个或多个图形进行的"布尔"与"修剪"操作，它们的相同点在于无论是"布尔"操作还是"修剪"操作，前提要求图形之间要有搭接并属于同一图形。不同点则在于"布尔"操作生成的组合图形接点处是闭合的，而"修剪"操作生成的组合图形接点处是断开的，需要将断开的顶点"焊接"在一起，才能进行后续的其他相关操作。方法是框选上断开的两个点，将【焊接】按钮后面的阈值适当调大（100 毫米），单击【焊接】按钮即可。

　　操作实例 4：二维线段的镜像

　　①打开"二维图形的布尔运算示例"，进入样条线次物体级，选择线条，单击【水平】镜像，同时勾选"复制"选项，点击【镜像】按钮，使原图形沿水平方向复制一个，观察图形，如图 6-13 所示。

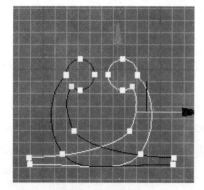

图 6-13　镜像示例

②撤销上步操作，单击其他类型的"镜像"操作，观察图形结果。

二、从二维图形到三维模型的建立

在园林中三维模型的建立主要有两种方法，一种是由二维图形生成，由一些二维转三维的修改器完成模型的构建；另一种是使用现有的三维建模命令直接进行构建，再利用一些三维修改器进行修改、变形等操作。由二维转三维的建模方法主要有以下几种：

（一）"挤出"建模

挤出是以一个图形为横断面，给定高度创建三维模型的方法，是比较常用的建模方法。模型制作过程中只要准备闭合的横断面图形就可以挤出了，常用于墙体、人字坡面屋顶、模纹图案等模型的构建。

操作实例：使用挤出命令创建墙体

1. 重设场景，进行单位设定。

2. 利用二维图形创建命令在前视图绘制如图 6-14 所示的墙体轮廓线，此线条也可在 CAD 中绘制再导入 3D 中。在 3D 中绘制线条的时候要注意线条的闭合，同时墙体各个部分的线条需要附加为一个图形。

3. 在修改面板，修改器类表中选择【挤出】命令，数量值为 240，观察效果如图 6-15 所示。

图 6-14　创建墙体轮廓线　　　　图 6-15　挤出—结果

4. 如果"挤出"没有成功，原因可能会包括由于顶点断开而线条没有闭合，或者线条有重合、有交叉等原因。如果是由于顶点断开而线条没有闭合，可使用前面介绍的"显示顶点编号"的方法，当发现某些顶点的编号模糊或有重叠数字的时候，很有可能就是断开的部分，框选可能断开的顶点，先使用【熔合】命令，使两个顶点上下重叠，再使用【焊接】命令连接线条。

（二）"倒角"建模

倒角操作是对二维图形产生挤出和倒角的效果，相当于连续做几次挤出，每次都可以调整横断面的大小，一般用于窗格、栅栏和文字对象的建模。

操作实例：使用倒角命令创建如图 6-18 所示图形

1. 重设场景，进行单位设定。

2. 绘制图形如图 6-16 所示。

3. 在修改面板，修改器类表中选择【倒角】命令，参数设置如图 6-17 所示，观察结果如图 6-18 所示。

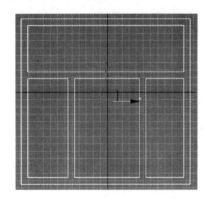   

图 6-16　图形绘制　　　　　图 6-17　倒角参数设置　　　图 6-18　倒角效果

（三）"车削"建模

车削命令是以一个图形为纵半剖面，绕旋转轴旋转创建三维模型的方法，用于创建横断面为圆形而纵剖面形状变化的三维对象。

操作实例：使用车削命令创建如图 6-20（b）所示图形

1. 重设场景，进行单位设定。

2. 利用创建面板【线】命令，结合编辑改变顶点的类型、弯曲程度、移动位置等操作，在前视图创建如图 6-19（a）所示的图形，对其进行轮廓操作，结果如图 6-19（b）所示。

3. 在修改面板，修改器类表中选择【车削】命令，参数设置如图 6-20（a）所示，效果如图 6-20（b）所示。

   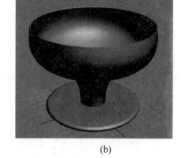

　　　　（a）　　　　　　　（b）　　　　　　　　（a）　　　　　　　　　（b）

图 6-19　闭合线条创建　　　　　　　图 6-20　车削参数设置及效果

（四）"放样"建模

放样可以看成是截面沿着路径运动所留下的轨迹所形成的三维图形。

操作实例：使用放样命令创建如图 6-22（b）所示图形

1. 重设场景，进行单位设定。

2. 利用创建面板【线】命令，结合编辑改变顶点的类型、弯曲程度、位置等操作，在前视图创建如图 6-21 所示图形作为路径，在顶视图创建一大小适宜的圆形作为截面图形。

3. 先点选路径，然后进入几何体创建面板，在"复合对象"下，点击"放样"，出现放样参数展卷栏。在参数展卷栏里点击"获取图形"按钮如图 6-22（a）所示，点击顶视图中的圆形，观察结果如图 6-22（b）所示。

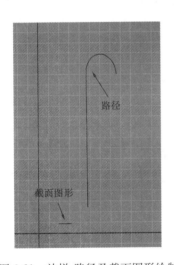

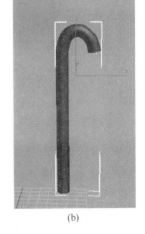

(a)　　　　　　　　　　　(b)

图 6-21　放样-路径及截面图形绘制　　　图 6-22　放样参数设置及效果

（五）"倒角剖面"建模

倒角剖面是以封闭的曲线为截面，以任意曲线为物体的路径图形贯穿行进而产生的模型。

操作实例：使用倒角剖面命令创建如图 6-24 所示图形

1. 重设场景，进行单位设定。

2. 利用创建面板【线】命令，结合编辑改变顶点的类型、弯曲程度、位置等操作，在左视图创建如图 6-23（a）所示的图形。然后在顶视图创建一正方形，如图 6-23（b）所示。

3. 选择正方形图形作为路径，在修改面板，修改器类表中选择【倒角剖面】命令，点击【拾取剖面】按钮，然后到视图中点选台阶的截面图形，观察结果如图 6-24 所示。

(a)　　　　　　　　　　　　　(b)

图 6-23　线条创建

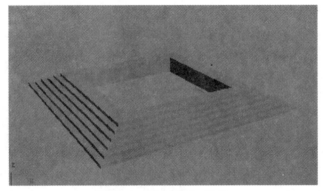

图 6-24　倒角剖面-结果

任务二　3DS MAX 三维物体创建

一、三维标准几何体创建

单击创建命令面板的【几何体】◎ 命令按钮，进入创建三维物体操作，常用的基本体类型为标准基本体和扩展基本体，如图 6-25 所示。

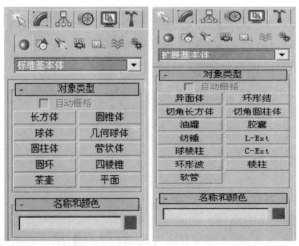

图 6-25　标准和扩展基本体命令面板

创建基本体的一般操作规律是：在活动视口中，单击鼠标左键并拖拽至该物体平面图形的对角线处松开，继续移动鼠标，在物体高度的位置上再次单击（有时还需要重复此步骤）即完成了几何体的创建。

（一）创建长方体

创建长度为 1000，宽度为 300，高度为 150 的长方体，并设置所有方向上的高度分段为 1。

1. 重置系统并进行系统设置。

2. 进入标准基本体创建面板，点击【长方体】按钮，在顶视图中按照上面所说的创建基本体的操作规律，创建一长方体。

3. 进入修改命令面板，将长度值修改为 1000，宽度值为 300，高度值为 150。右击设置三个方向上的分段值均为 1。

（二）创建球体和几何球体

分别创建半径为 100 的球体和几何球体，观察两种球体在选项上和构成元素上的区别。

1. 重置系统并进行系统设置。

2. 进入标准基本体创建面板，分别点击【球体】和【几何球体】按钮，在任意视图中创建两个球体。

3. 进入修改命令面板，将两种方式创建的球体半径均设置为 100。

4. 观察正交视图，发现球体是由经线和纬线构成的经纬球，而几何球体是由四面体、八面体或二十面体构成的，分段数决定球体的表面光滑程度。

（三）创建圆锥体

1. 重置系统并进行系统设置。

2. 进入标准基本体创建面板，点击【圆锥体】按钮，在顶视图中定位圆心后拖动鼠标，创建一个锥体。

3. 进入修改命令面板，设置半径 1 为 100，半径 2 为 50，高度为 100，高速分段为 3，观察视图。

4. 将半径 2 改为 0，其他值不变，观察结果。

5. 试着将边数设置为 3、4、6，观察视图中的变化。

（四）创建四棱锥体

1. 重置系统并进行系统设置。

2. 进入标准基本体创建面板，点击【四棱锥】按钮，在顶视图创建一个四棱锥。

3. 进入修改命令面板，设置宽度为 200，深度为 300，高度为 150，三个方向上设置一定的分段数，得到四棱锥体。

二、扩展几何体创建

（一）创建切角长方体

1. 重置系统并进行系统设置。

2. 进入扩展基本体创建面板，点击【切角长方体】按钮，在顶视图中拖动鼠标，创建一个切角长方体。

3. 进入修改命令面板，设置长、宽、高分别为 100、100、150，圆角为 10，三个方向上分段均为 1，圆角分段设定为 3，观察结果。

（二）创建切角圆柱体及其他物体

用同样的思路创建切角圆柱体及其他物体，并且试调节其选项对于物体的影响。

三、修改器工具的应用

三维物体模型创建完成后，可以使用一些三维修改器对其一些参数进行修改和设定。常用的三维修改器有锥化、噪波、弯曲、扭曲等。

（一）锥化-石凳

利用锥化命令制作一个石凳模型。

1. 重置系统并进行系统设置。

2. 在顶视图中创建一圆柱体，进入修改命令面板，设置半径为 300，高度为 400，并设定一定的高度分段和边数，如图 6-26 所示。

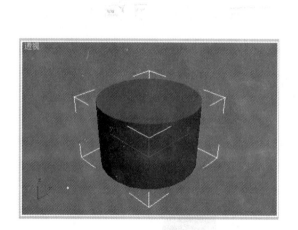
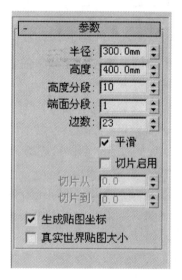

图 6-26　创建圆柱体及参数设置

3. 在修改器列表中选择【锥化】命令，修改参数如图 6-27 所示，观察结果。

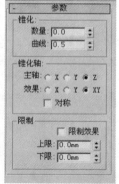
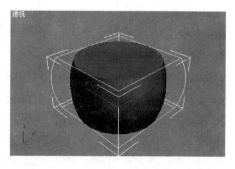

图 6-27　锥化参数设置及效果

4. 在修改器列表中选择【网格平滑】命令，修改参数如图 6-28 所示，观察结果。

注意：迭代次数不宜设置过多，影响计算机运算速度。

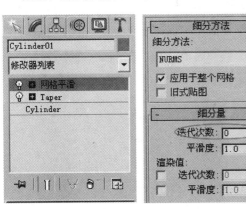
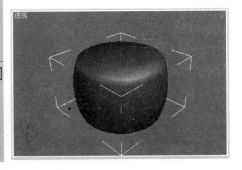

图 6-28 网格平滑参数设置及效果

（二）噪波

噪波命令可以用来制作一些不规则的物体，比如起伏不平的山地表面。

1. 在顶视图中创建一长方体，长度为 200，宽度为 300，长度分段为 20，宽度分段为 30，其他参数默认。

2. 在修改器列表中选择【噪波】命令，修改参数如图 6-29 所示，观察结果。

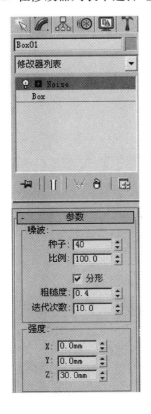

图 6-29 噪波参数设置及效果

（三）弯曲

利用长方体制作门洞：

1. 在顶视图创建一长方体，设定长度为 12，宽度为 3，高度为 40，高度分段为 40，其余分段为默认。

2. 激活前视图，在命令面板中选择【层次】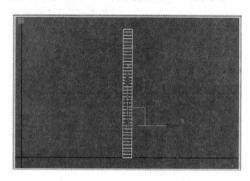面板，在"调整轴"选项下点击"仅影响到轴"，利用右击移动按钮的方式，使轴心点向上移动 10，结果如图 6-30 所示。

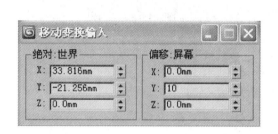

图 6-30　改变轴心点

3. 在修改器列表中选择【弯曲】命令，设置弯曲角度为 180，勾选"限制弯曲范围"，设置弯曲上限为 20，弯曲下线为 0，其他参数默认，结果如图 6-31 所示。

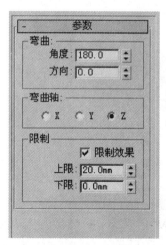
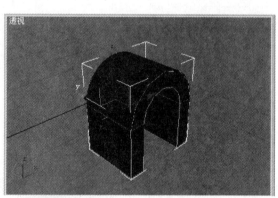

图 6-31　弯曲参数设置及效果

（四）扭曲

1. 在顶视图创建一四棱锥，宽度为 3，深度为 3，高度为 30，宽度、深度、高度的分段数分别为 3、3、30，其他参数默认，如图 6-32 所示。

2. 在修改器列表中选择"扭曲"命令，在扭曲参数面板中将"角度"设定为 720，将偏移设定为 70，将限定效果的上限设定为 27，下限设定为 3，如图 6-33 所示。

3. 进行细部加工，在修改器列表中选择"锥化"命令，设定锥化的数量为 -0.75，曲线为 0.1，观察视图，如图 6-34 所示。

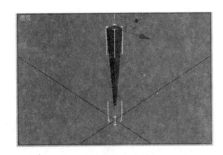

图 6-32　创建四棱锥及参数设置

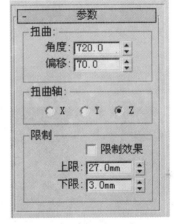

图 6-33　扭曲参数设置及效果

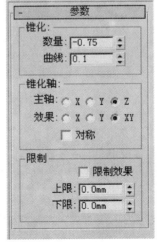

图 6-34　锥化参数设置及效果

图 6-35　复合对象展卷栏

四、三维布尔运算

在标准基本体下拉框中选择复合对象选项后，在命令面板中对象类型展卷栏中将展出 12 种复合对象类型，如图 6-35 所示。

【布尔】是最常用的复合对象制作方法之一，是对两个几何体进行加（并集）、减（差集）、相交（交集）等运算，获得新几何体的建模方法，与二维图形的布尔运算原理一样。

布尔的操作对象一次只能是两个几何体，如果是多个几何体参与运算，可以连续做多次布尔，也可以先将多个几何体附加在一起，然后再做布尔。

操作实例：制作如图 6-40 所示的石塔模型

1. 利用车削命令制作石塔模型

（1）使用【线】命令画出石塔的剖面线，改变顶点类型为 Bezier 角点，调节平衡棒，结果如图 6-36 所示。

（2）进入线型的"样条线次物体级"，对其进行"轮廓"操作，如图 6-37 所示。

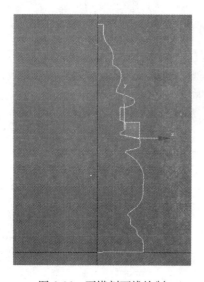

图 6-36　石塔剖面线绘制

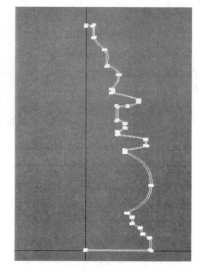

图 6-37　石塔轮廓操作

（3）在修改器列表中选择"车削命令"，选择 Y 轴方向对齐，对齐类型为最小，结果如图 6-38 所示。

2. 利用布尔命令进行石塔镂空处理

（1）通过几何体创建面板中【圆柱体】生成两个圆柱体，位置如图 6-39 所示。

（2）进行布尔运算。选择石塔主体模型，点击"复合对象"下的"布尔"运算

按钮，单击 拾取操作对象 B ，逐一点击图中的圆柱体，结果如图 6-40 所示。

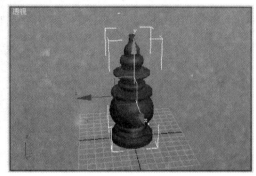

图 6-38　车削参数设置及灯塔主体效果

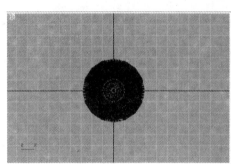

图 6-39　圆柱体绘制

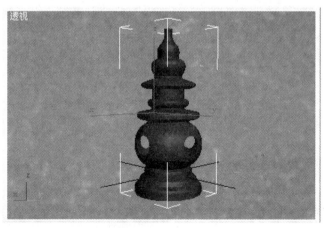

图 6-40　布尔结果

五、创建园林地形

在园林效果图制作的过程中经常使用已经绘制好的山体的等高线，通过【复合对象】创建面板下的【地形】命令来完成。

1. 导入 CAD 中绘制的等高线或在 3D 中绘制等高线，如图 6-41 所示。

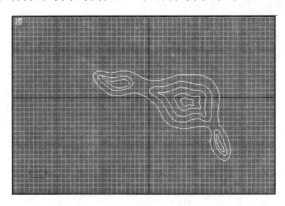

图 6-41　创建的等高线

2. 在顶视图中选中高程相等的等高线，在前视图中向上移动到相应高程。重复这一过程，由外向内将等高线一次移动到相应的位置上，如图 6-42 所示。

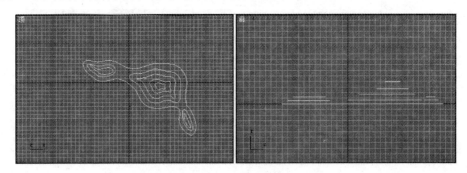

图 6-42　高差调整

3. 点击【复合对象】创建面板中的【地形】命令，单击"拾取操作对象"并点击图中的等高线，效果如图 6-43 所示。

4. 点击修改器列表中的"网格平滑"，将迭代次数设定为 2，如图 6-44 所示。

六、编辑多边形

利用【编辑多边形】命令，可以将物体编辑深入到次物体级，进行细致的物体编辑。另外，可以删除物体不必要的面，减少物体的面数，提高渲染速度。

操作实例：使用编辑多边形命令创建柱基础

1. 在顶视图创建一个长方体，在修改面板中修改其参数长和宽均为 500，高度为 100，长宽高分段数均为 1。

2. 在修改器列表中选择【编辑多边形】命令，按〈4〉键进入多边形次物体级，在视图中选择长方体的顶面，此时单击参数展卷栏中【倒角】命令后的设置按钮▣，即出现"倒角多边形"对话框。先用鼠标右键单击数值框右侧小三角调节钮，将数据设置为 0，再进行如图 6-45 所示的设置，单击【应用】按钮，然后将数值框中的数值归零，观察此时长方体的变化，如图 6-46 所示。

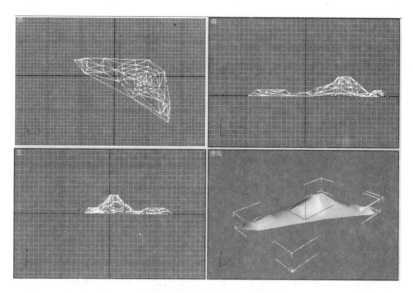

图 6-43　生成地形

图 6-44　地形效果

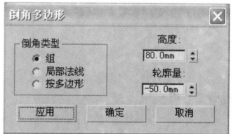

图 6-45　倒角多边形对话框

　　3. 按照如上的操作将"高度"和"轮廓量"依次设定为 0，－20；400，0；50，50；50，0，最后点击"确定"，然后关闭对话框，观察结果如图 6-47 所示。

图 6-46　倒角效果

图 6-47　柱基础效果

【思考与练习】

1. 为什么说二维图形是创建三维物体的基础图形？

2. 练习用命令创建法和键盘输入法创建 11 种二维图形并进行编辑修改。

3. 【附加】和【附加多个】命令有什么区别？

4. 【自动焊接】选项和【连接】命令有什么区别？

5. 【拆分】和【分离】命令的区别有哪些？

6. 练习使用键盘输入法创建 10 种标准基本体或 13 种扩展基本体对象类型，并在"创建"和"修改"命令面板的"参数"展卷栏进行编辑修改。

7. 在视图中创建物体，使用【布尔】命令进行"并集"、"交集"、"差集"运算操作。

8. 分析【挤出】和【车削】命令的异同。

9. 使用【倒角】和【倒角剖面】命令是否可以创建同一物体？

技能训练

技能训练一　园林漏窗花格的制作。

训练目标：熟练掌握二维图形的编辑修改方法。

操作提示：

1. 使用图形创建面板下的【圆】命令，在前视图绘制一个半径为 245 的圆形，增加步数使圆形比较圆滑。在修改器列表中选择编辑样条线命令，圆形向外轮廓 5，并挤出 10，作为园林漏窗花格的外框。将外框置于世界坐标中心。

2. 在前视图任意绘制一装饰图形，如果有多根线条需要将线条附加在一起。在对线条外形的修改上，可以先将顶点类型变为平滑，再变为贝塞尔角点，通过调整顶点位置及平衡棒，得到效果如图 6-48 所示的图形。将抽象线条原地复制，复制的线条作为镶边使用。

3. 抽象线条挤出 9。镶边线条编辑样条线，向内/外轮廓 2，并挤出 10。为镶边更改颜色，以便和抽象线条区别。

4. 选择抽象线条，单击对齐按钮，在左视图中单击外框，出现对齐对话框，设定参数如图 6-49 所示。选择镶边用同样的方式与外框对齐。

5. 阵列。在抽象线条和镶边被选的状态下，单击主工具栏中参考坐标系中的【拾取】命令，在前视图中单击外框。单击并选择【使用变换坐标中心】按钮，使抽象线条的中心与外框的中心相重合。

6. 选择【工具】/【阵列】命令，在弹出的对话框中进行二维阵列的设置，如图 6-50 所示，预览无问题后点击"确认"，结果如图 6-51 所示。

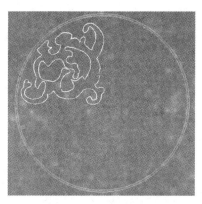

图 6-48　漏窗花格线条　　　　　图 6-49　园林漏窗花格对齐参数

图 6-50　漏窗花格阵列参数

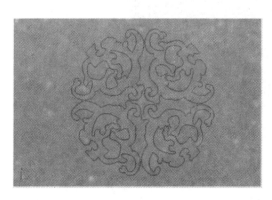

图 6-51　漏窗花格阵列后效果

技能训练二　使用超级布尔运算在一段围墙上开门洞和景窗洞。

训练目标：练习超级布尔运算的使用。

操作提示：

1. 在顶视图中创建长方体作为景墙。

2. 在顶视图中创建小长方体，将宽度分段数设为 10 以上，利用"层次" 面板下的"仅影响到轴"命令，在前视图中，将轴心点由小长方体下边缘移至小物体的中心。在修改器列表中运行弯曲命令，沿 X 轴将其弯曲成扇形。

3. 在前视图创建圆柱体，制作门洞模型。

4. 在前视图创建圆柱体，并结合移动复制，将其排列成花朵形状。可将扇形模型和花朵模型成组进行复制。

5. 将上述模型移动到长方体的中心，使其和长方体成相交状态，如图 6-52 所示。

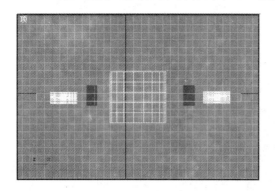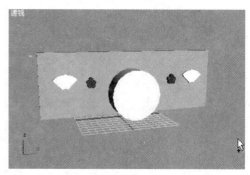

图 6-52　景墙、门洞、景窗绘制

6. 选择墙体，进入"几何体"创建面板下的"复合对象"创建面板，单击 ProBoolean "超级布尔"按钮，点击 开始拾取 ，在视图中依次单击窗洞、门洞，点击结束后再次单击 开始拾取 结束命令，观察效果，如图 6-53 所示。

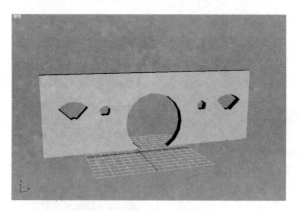

图 6-53　超级布尔运算效果

技能训练三　某办公楼模型制作。

训练目标：熟练掌握二维建模和三维建模方法。

操作提示：

（一）CAD 线条的导入

1. 重置系统，进行系统单位设定。

2. 点击【文件】/【导入】命令，文件类型选择"AUTO CAD 图形，选择课件中的"某办公楼西立面.dwg"的文件,此时出现"Auto CAD DWG/DXF 导入选项"对话框,勾选"几何体选项"区域的"焊接附近顶点",然后点击"确定"完成 CAD 文件的导入。

3. 导入进来的立面墙体是平铺在顶视图中的,需要将墙体进行旋转操作。选择所有的线条,激活左视图,右击旋转按钮,出现"旋转变化输入"对话框,在右侧的"偏移:屏幕"选区内 Z 轴后面的数值框中输入−90,如图 6-54(a)所示,回车,然后再次在 Y 轴后面的数值框中输入 90,如图 6-54(b)所示,回车,结果如图 6-55 所示。

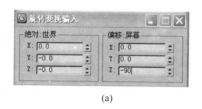
(a)

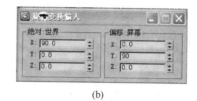
(b)

图 6-54　旋转操作

4. 选择所有的西立面墙体的线条,在线条上右击鼠标,选择"冻结所选对象",将导入进来的底图进行冻结保护。

(二)西立面墙体模型的制作

1. 使用矩形和线命令将墙体轮廓线和窗洞轮廓线重描一遍,在描线之前先进行对象捕捉参数的设置,方法为右击"捕捉开关"按钮,在"栅格和捕捉设置"对话框中的"选项"选项卡中,勾选"捕捉到冻结对象",这样在描图的时候打开"捕捉开关"就可以捕捉到冻结的底图了。

2. 在西立面墙体的底图上进行描图,选择其中一条线型,"修改器列表"中选择"编辑样条线"命令,在"样条线次物体级"中将所有的线条"附加"为一体,如图 6-56所示。

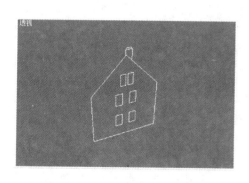

图 6-55　旋转后墙体线型

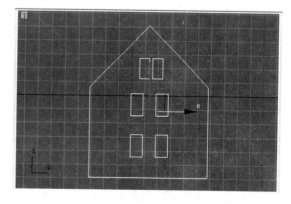

图 6-56　西立面墙体描线

3. 在"修改器列表"中选择"挤出"命令,挤出的数值为 240,命名为"西面墙体",如图 6-57 所示。

(三)西立面墙体窗框模型的制作

1. 选择西立面墙体,在修改面板中的"样条线次物体级"中点击一根窗框的线型,使其变为红色激活状态，在参数展卷栏下方找到"分离"按钮，勾选后面的"复制"选项，然后单击"分离"，如图 6-58 所示，命名为"西面墙体窗框"，即将这条窗框线以复制的方式分离出来。

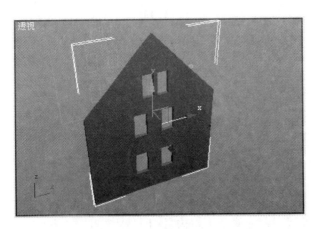

图 6-57 墙体挤出效果   图 6-58 分离复制

2. 输入 H，进入"按名称选择对象"对话框，选择刚分离复制出来的对象，激活"样条线次物体级"，找到"轮廓"按钮，在"轮廓"按钮后面的数值框中输入 60，使线条向里轮廓 60mm，此时窗框的线条由单线变为了双线。

3. 运行"挤出"命令，挤出的数值为 80。

4. 选择刚刚挤出的窗框，单击工具栏上的对齐按钮，在前视图中单击墙体，此时弹出"对齐当前选择"对话框，设定参数如图 6-59 所示。

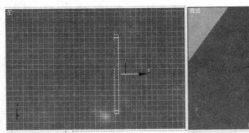

图 6-59 对齐参数设置及结果

5. 将窗框向右移动复制一个。用同样的方法制作其余西墙四个窗框，如图 6-60 所示。

6. 使用"矩形"命令在左视图中拖拽出一能覆盖西面墙上所有窗洞的矩形，挤出为 1，命名为"西墙玻璃"，如图 6-61 所示。

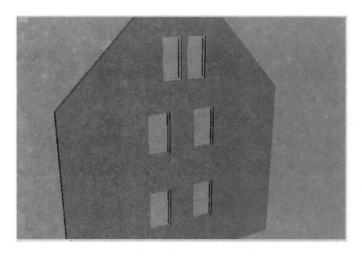

图 6-60　西面墙体及窗框

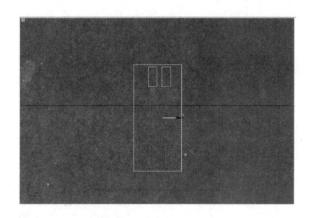

图 6-61　创建西墙玻璃

（四）南立面墙体模型及窗框的制作

1. 导入南立面墙体 CAD 图形，用制作西墙的方式制作南墙模型，如图 6-62 所示。

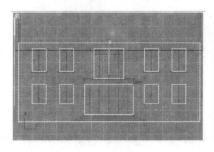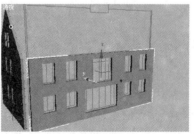

图 6-62　创建南墙模型

2. 将最左上角的窗洞轮廓线从南墙线条上分离复制出一份，如图 6-63 所示，命名为"南墙窗框"，然后在"按名称选择对象中"选择刚分离复制出来的对象，进行向里轮廓 60；再使用 line 命令借助对象捕捉，描中间的窗棂，选择窗棂的线条进行轮廓时勾选后面的"中心"选项,如图 6-64 所示,轮廓值为 60。

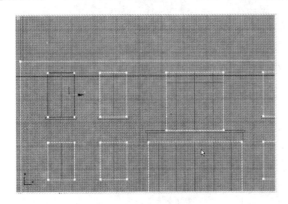

图 6-63　创建南墙窗框　　　　　　　　图 6-64　中心轮廓设置

3. 选择窗棂,使其与窗框对齐(左视图),参数设置如图 6-65 所示。将窗框和窗棂的线条附加在一起,进行挤出 80。此时将窗框与南墙对齐(左视图),使其位于墙体的中心。

4. 移动复制出其余三个二层窗框。用同样的方法制作一层的 4 个窗框,如图 6-66 所示。

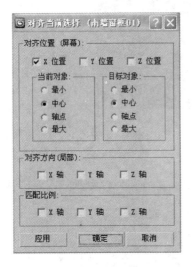

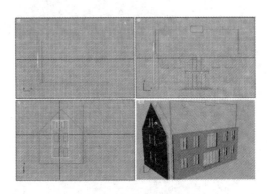

图 6-65　对齐参数　　　　　　　　图 6-66　南墙窗框及窗棂

5. 将南墙二楼阳台窗框轮廓线从南墙线条上分离复制出一份,在按名称选择对象中选择刚分离复制出来的对象,在"分段次物体级中"删除下边窗框。将门字形门框向里轮廓 60,用 line 命令借助对象捕捉,描中间窗棂,中间方式轮廓 60,与窗框对齐(左视图),附加,挤出 80,再次与南墙对齐(左视图)。

6. 用同样的方法制作一楼的门框。然后将所有的南墙窗框、门框成组在一起。

7. 使用"矩形"命令在视图中拖拽出一能覆盖南面墙上所有窗洞的矩形,挤出为1,命名为"南墙玻璃",如图 6-67 所示。

（五）阳台模型的制作

1. 阳台底板：用矩形命令在顶视图创建一矩形，长度为 2000。编辑样条线，对照前视图中阳台底板的宽度，通过调节顶点改变矩形的宽度，挤出 100，如图 6-68 所示。

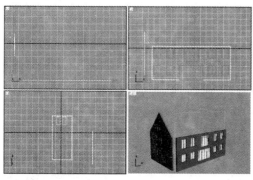
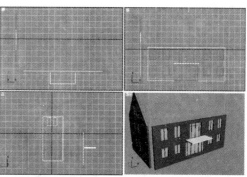

图 6-67 创建南墙玻璃   图 6-68 创建阳台底板

将阳台底板与阳台窗框对齐（前视图），再在顶视图对齐一次。

2. 阳台栏杆扶手制作：将阳台底板原地复制，删除上方线段，进入顶点选择集，在顶视图中选择左侧两个顶点，右击移动按钮，在"移动变换对话框"中右侧的"偏移"坐标中 X 轴后的数值框中输入 100；选择右侧的两个顶点，在"移动变换对话框"中右侧的"偏移"坐标中 X 轴后的数值框中输入 -100；选择下方的两个顶点，在"移动变换对话框"中右侧的"偏移"坐标中 Y 轴后的数值框中输入 100，这样阳台栏杆的轮廓线就向内收缩100mm，命名为"扶手中心线"，如图6-69所示。

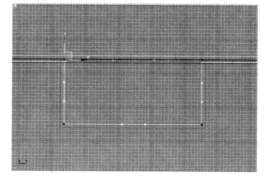

图 6-69 扶手中心线

3. 将阳台扶手中心线原地复制一条，改名为"间隔工具路径"，作为栏杆柱使用间隔工具时的路径。将栏杆扶手中心线进行中心轮廓 50，挤出 50，向上移动 1100，复制一根，挤出值改为 25，移动到合适的位置，如图 6-70 所示。

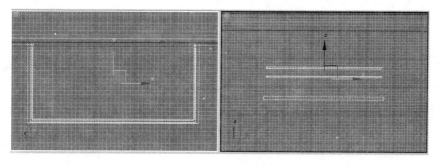

图 6-70 创建扶手

4. 栏杆柱：在顶视图创建矩形，25×25，高度1100，调整位置如图6-71所示。

5. 间隔工具：选择栏杆柱，单击【工具】/【间隔工具】，点击"拾取路径"按钮，在顶视图中拾取"间隔工具路径"，设定数量为18，点击"应用"按钮，结果如图6-72所示。

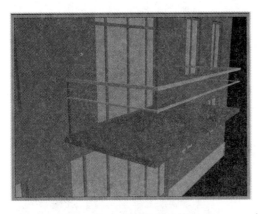

图6-71　栏杆柱位置图　　　　　　　　　　图6-72　间隔工具效果

（六）一楼门庭模型的制作

1. 一楼门庭顶板通过"长方体"命令进行创建，长1900，宽4200，高400，对齐。

2. 制作一楼门庭台阶。在前视图将一楼门庭顶板复制，高改为150。在前视图再次复制，长宽依次增加300、600，调整到适当的位置，然后将所有的台阶成组，如图6-73所示。

3. 进行图形的整理，将同一类或未来赋予同种材质的模型进行成组，包括窗框成组，台阶成组，栏杆柱成组，栏杆成组等等。

4. 其他墙体。

东立面墙体：将西面墙体、窗框、玻璃进行加选，移动复制到东立面墙体位置。

北面墙体：用长方体做北面墙体，长240，宽度15500，高度6600，如图6-74所示。

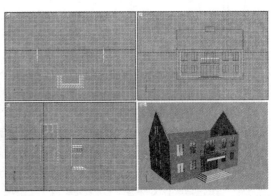

图6-73　台阶　　　　　　　　　　　　　　图6-74　创建四面墙体

（七）其他模型的制作

1. 屋顶：用 line 命令绘制边沿。将边沿线条向上轮廓 150，如图 6-75 所示，然后挤出 16000。

2. 石围墙：用线命令，避让开门位置，围绕着单位围墙画线，向外轮廓 50，挤出 700。

3. 烟囱：在顶视图创建长方体，长宽高分别为 1000，2200，700；1500，2200，700。两者对齐。

4. 整理图形，最后效果如图 6-76 所示。

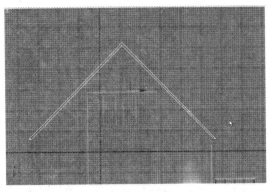
图 6-75　创建屋顶

图 6-76　办公楼模型

项目七　材质、灯光与摄影机的应用

【内容提要】

　　材质、灯光与摄影机的应用对园林三维图纸的效果完善起到至关重要的作用。通过本项目的学习，使同学能够掌握常用材质的制作与编辑方法、灯光与摄影机的设置方法和技巧，为制作高品质的三维效果图奠定基础。

【知识点】

　　材质编辑器的构成、常用按钮功能

　　材质的编辑与修改

　　灯光参数的准确编辑与修改

【技能点】

　　多维/子对象和单色等常用材质制作方法

　　建立室外灯光的方法

　　添加和调整摄影机的方法

▌任务一　编　辑　材　质

一、材质与贴图

（一）材质

　　一般在 3DS MAX 中创建三维效果的基本步骤包括创建模型、指定材质与贴图、布置灯光并渲染，不同的物体由于其表面的物理属性不同，所表现出来的颜色、反光属性、透明度等也各不相同。

　　材质是物体表面的材料，是在一定光照下反映出来的颜色和质地。3DS MAX 提供了 16 种材质类型，较为常见的材质类型有标准材质（大多数物体表面）、光线跟踪（反光的物体表面）、多维物体（一个物体的不同部分指定不同的材质）。

　　在"材质编辑器"对话框中，在材质窗口的左下方单击 按钮，弹出"材质/贴图浏览器"对话框，在显示类型下勾选材质项，显示出材质类型列表，如图 7-1 所示。

（二）贴图

　　贴图有位图和光线跟踪、衰减、噪波等程序贴图两大类。位图是来源与自然界物体表面的图片，如砖墙、石墙、瓦面、草坪、铺装等，可较好地模拟自然界中物体的表面。

　　3DS MAX 中的贴图类型一共有 30 多种，每个贴图都有各自的特点，在三维制作中经常综合运用它们以达到最好的材质效果。在"材质/贴图浏览器"的显示类下勾选"贴图"项，对话框中可以显示所有贴图类型，如图 7-2 所示。其中位图是最常用的一种贴图类型，运用范围广而且方便自由，可以将需要的图像进行扫描或者在绘图软件中制作，存为图像格式后就可以作为贴图使用了。

图 7-1　材质类型

图 7-2　贴图类型

（三）材质与贴图

　　一个材质多数情况下由一组贴图组成，如一个标准材质由表面色贴图、反射贴图、凹凸贴图、不透明贴图等组成，是现实自然界中材质、光影效果的真实再现。

　　材质和贴图不是一个概念，在 3DS MAX 中材质反映的是物体表面的颜色、反光强度、透明度等基本属性，而使用贴图的目的是为了反映物体表面千变万化的纹理效果。模型物体可以没有贴图，但必须有一个材质的属性。刚刚创建没有指定特殊材质的物体，使用的是 3DS MAX 默认的基本材质。

贴图是在现有材质的基础上再指定一些图像，以达到模拟真实物体的目的。它是一种包裹在物体表面的图像。

二、材质编辑器

在主工具栏单击【材质编辑器】 按钮，打开"材质编辑器"对话框。材质编辑器界面主要由 3 个部分组成：示例窗、工具按钮组、参数控制区，如图 7-3 所示。

（一）示例窗

示例窗默认设置为 3×2 配置显示。被激活的示例窗具有白色的边框。激活任意示例窗，在上单击鼠标右键，可以改变示例窗显示数量，【放大】命令选项还可以将选定的示例框放置在一个独立浮动的窗口中。

材质编辑器最多只能显示 24 个示例球，实际上一个场景所包含材质的数量是没有限制的，当要编辑第 25 个材质的时候可以将暂时不需要编辑的材质示例球复位，其方法如下：

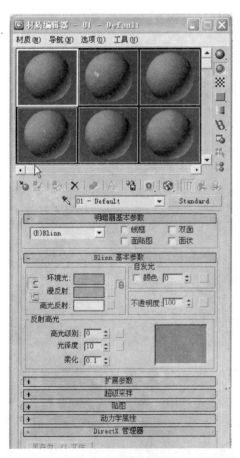

1. 选择暂时不需要修改的示例球，单击示例窗下方水平工具栏中的"重置贴图/材质为默认值 ✗"，此时系统会弹出如图 7-4 所示的对话框。

2. 选择"仅影响编辑器示例窗中的材质/贴图"，单击"确定"，这样该示例窗材质被复位，又可以重新编辑其他材质。场景中指定该材质的物体不受任何影响。下次需要继续编辑该材质时，使用"从对象拾取材质" ✗ 从场景物体上取回至示例窗中。

3. 选择"影响场景和编辑示例窗中的材质/贴图"选项，则当前示例窗材质从场景中完全删除，因而只有当该材质不再需要时才选择该选项。

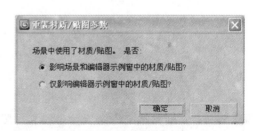

图 7-3　材质编辑器　　　　　　　　图 7-4　重置材质/贴图参数对话框

（二）工具按钮组

工具按钮组分布在示例窗的右侧和下方，主要完成对材质的调整、储存和赋予场景对象等功能。

1. 垂直工具组

位于示例窗的右侧，主要是用来控制材质显示的属性。常用的工具主要有：

【采样类型】⬤：可选择样品为球体、圆柱或立方体。

【背光】◉：单击此按钮可在样品的背后设置一个光源。

【背景】▦：在样品的背后显示方格底纹，在对材质设置不透明度时使用。

【采样 uv 平铺】■：可选择 2×2，3×3，4×4，但只改变示例窗中的显示，对材质本身没有影响。

【选项】🗔：用来设置材质编辑器的各个选项。

2. 水平工具组

位于示例窗的下方，是材质操作的常用工具。常用的工具主要有：

【获取材质】🔴：单击后弹出"材质/贴图浏览器"对话框，可以获取新材质，获取的方式为可以从选定对象上获取材质，可以从场景中获取材质，也可以从材质库中获取材质。

【重置贴图/材质为默认值】✕：单击该按钮后将把示例窗中的材质清除为默认的灰色状态。如果当前材质是场景中正在使用的热材质，会弹出一个对话框，让用户在只清除示例窗中的材质和连同场景中的材质一起清除中选择其一。

【放入库】🗝：单击该按钮将弹出"入库名称"对话框，输入名称后，将把当前材质储存到材质库中。

【从对象拾取材质】🖊：实现从场景对象中获取材质的操作。可将吸管移动到场景中，单击任意被赋予材质的物体，它的材质就被放入材质编辑器激活的示例框中。

【将材质指定给选定对象】🔳：将材质赋予当前场景中所选择的对象。

【在视口中显示标准贴图】🌐：单击该按钮将使材质的贴图在视图中显示出来。

【显示最终结果】⬆：激活该按钮后，当前示例窗中显示的是材质的最终效果；否则只显示当前层级材质的效果。

【转到父对象】⬆：回到上一材质层级，此按钮必须在次一级的材质层级中才有效。

3. 参数控制区

材质编辑器下部是参数控制区，根据材质及贴图类型的不同，其内容也不同。参数控制包括多个项目，它们分别放置在各自的控制面板上，通过伸缩条展开或收起，如果超出了材质编辑器的长度可以通过手形进行上下滑动。

三、常用材质类型

（一）标准材质

运行 3DS MAX，打开材质编辑器后默认的材质类型就是标准材质。

1. 标准材质的属性结构

材质属性结构主要指材质在视觉上和光学上的构成，主要包括颜色构成、高光控制、自发光、不透明性，如图 7-5 所示。

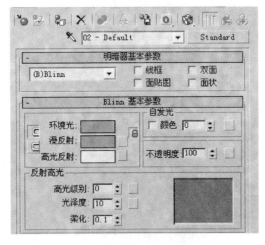

图 7-5　标准材质的属性结构

（1）颜色构成

环境光：物体阴影区域的颜色，由照明光色决定，否则取决于固有色。

漫反射：它是物体本来的颜色，即固有色。

高光反射：物体高光照射部分的颜色。

（2）反射高光

高光级别：控制材质表面反光面积的大小。

光泽度：控制材质表面反光的强度。

柔化：可以对高光区的反光进行柔化处理。

右侧的曲线是对这 3 个参数的描述，通过曲线可以更好地把握对高光的调整。

（3）自发光

可以模拟物体从内部进行发光的效果。制作灯管、星光等荧光材质时选择此项，可以指定颜色，也能指定贴图，方法是单击颜色选择框旁边的空白按钮。

（4）不透明度

是物体的相对透明程度，取值范围在 0～100 之间。当值为 100 时为不透明材质，当值为 0 时则完全透明。玻璃、水体、塑料、窗帘等半透明物体需要进行透明度的设置。

（5）明暗器基本参数

明暗器的明暗调节方式主要包括：Blinn、各向异性、金属、多层、Oren-Nayar-Blinn、Phong、Strauss、半透明等，如图 7-6 所示。

Blinn：是标准材质的默认方式。高光显示弧形，能产生与表面成低角度的高光，并且它的高光通常更柔和，用途比较广泛。

各向异性：适用于椭圆形表面，这种情况有"各向异性"高光。如果为头发、玻璃或磨砂金属建模，这些高光很有用。

金属：适用于金属表面。

Phong：像 Blinn 一样创建光滑的表面，但没有优质高光，渲染速度比 Blinn 方式快，常用于玻璃、油漆等高反光的材质。

2. 贴图通道

当需要对物体赋予材质时，通常是在明暗器基本参数栏调整材质的颜色、表面光感及透

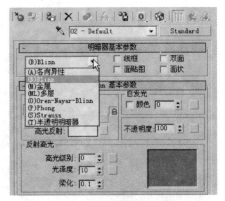

图 7-6　明暗器基本参数

明程度，同时还要使用相应的贴图通道，不同的贴图通道会控制不同的材质属性。

一个贴图材质的制作，需要贴图类型与贴图方式的结合。贴图方式在标准材质中共有 12 种，如图 7-7 所示。

3. 贴图坐标

一般在 3DS MAX 内部建立的物体，系统会自动建立一个原始的贴图坐标；对于外来的无坐标物体，在修改命令堆栈中给物体指定【UVW 贴图】修改功能，可以从数种贴图坐标系统中选择一种，并自行设定贴图坐标的位置，如图 7-8 所示。

图 7-7 贴图方式

图 7-8 UVW 贴图

操作实例：以项目六制作的某办公楼模型为例

1）单色材质

有些物体的表面是单色的并且比较平滑，如粉刷过的墙壁、油漆过的栏杆等。这类对象的材质可以利用标准材质指定一种漫反射颜色，并不需要指定贴图。

（1）单击 ，打开材质编辑器，选择一个示例球，输入材质名称。

（2）单击漫反射右侧的色块，拾取颜色，设置一定的高光级别及光泽度，如图 7-9 所示。

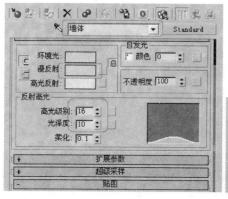

图 7-9 单色材质参数设置与贴图

（3）回到视图中，选择所有的墙体，单击材质编辑器工具栏中的赋材质按钮 ，单击 显示标准贴图按钮，观察透视图中墙体材质的变化。

（4）如果在透视图中能够看到比较清晰的效果，可以直接观察透视图；如果透视图由于显卡和加速插件等因素显示得不清晰时，可以激活透视图，然后单击 F9 或主工具栏上的快速渲染按钮，出现快速渲染视图，观察物体赋材质后的渲染效果。

利用同样的方法制作乳白色的塑钢窗框的材质，并赋给所有墙体的窗框、门框等，结果如图 7-22 所示。

2）屋面瓦材质

（1）单击 ，打开材质编辑器，选择另一个示例球，输入材质名称。

（2）在贴图展卷栏中为漫反射通道指定位图，并调整其参数。

单击漫反射通道右侧的 `None`，在"材质/贴图浏览器"对话框中双击"位图"，如图 7-10 所示，选择名为"Tile19. JPG"的图片，在随后出现的"材质编辑器"中进行如图 7-11 所示的设置，单击"转到父对象"返回到材质层级。

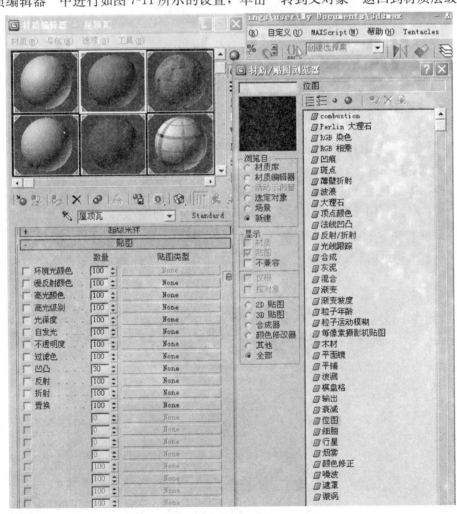

图 7-10　屋面瓦材质编辑器

（3）回到视图中，选择屋顶，单击材质编辑器工具栏中的赋材质按钮，单击显示标准贴图按钮，观察透视图中屋顶材质的变化。

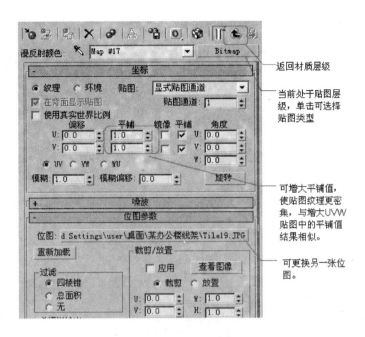

图 7-11　屋面瓦材质参数设置

（4）指定贴图坐标，选择屋顶，在修改器列表中选择"UVW 贴图"，贴图以平面方式贴在屋面上，参数设置如图 7-12 所示，观察透视图中屋顶材质的变化。

图 7-12　屋面瓦贴图坐标设置

用同样的方式使用"wall38.jpg"的图片制作材质并赋予给石围墙，结果如图 7-22 所示。

3）玻璃材质

在室外光线较好的时候窗玻璃会反射周围的景物，如建筑、树木、人物、天空等，表现这种反射可以对玻璃模型使用标准材质，将包含周围景物的位图，定义为反射贴图或漫反射贴图。

（1）单击 ，打开材质编辑器，选择另一个示例球，输入材质名称。

（2）明暗器的明暗调节方式选择"半透明明暗器"，其他参数如图 7-13 所示。

（3）回到视图中，选择南墙玻璃和西墙玻璃，单击材质编辑器工具栏中的赋材质按钮 ，单击 显示标准贴图按钮，观察透视图中玻璃材质的变化。

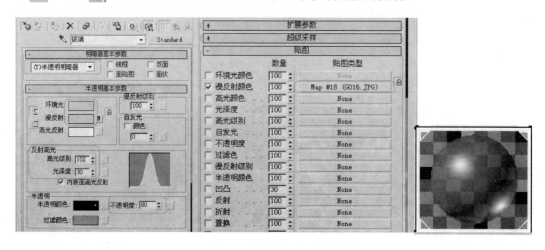

图 7-13 玻璃材质参数设置与贴图

（4）指定贴图坐标

分别选择两块玻璃，在修改器列表中选择"UVW 贴图"，贴图以平面方式贴在玻璃上，对齐方式为 Y 轴方式。

图 7-14 玻璃材质 Gizmo

单击修改器堆栈中"UVW 贴图"参数的下一级工具 Gizmo，如图 7-14 所示，通过借助 调整 Gizmo 的方向，使两面墙玻璃呈现一个连续的画面，结果如图 7-22 所示。

4）噪波材质

有些物体的表面是单色但粗糙一些，在光的照射下会有一定的明暗变化，如道路路面、喷泉水流过的墙壁等等，可以使用标准材质，以噪波贴图作为漫反射贴图。

（1）打开"某办公楼模型"，使用矩形命令，创建如图 7-15 所示大小的矩形，并挤出 10，为办公楼主出入口正前方，命名为道路。

（2）将"道路"原地复制一个，改名为"道路路沿"，在修改器列表中选择"编辑样条线"命令，对道路路沿进行轮廓 100，挤出 150，和道路一个水平线上，均位于绿地的上方。

（3）单击 ，打开材质编辑器，选择另一个示例球，输入材质名称。

（4）单击漫反射通道右侧的按钮，双击"噪波"贴图类型，出现噪波参数编辑界面，观察材质球调节参数，如图 7-16 所示。

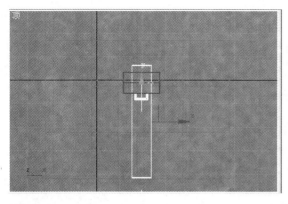

图 7-15　道路绘制及噪波效果

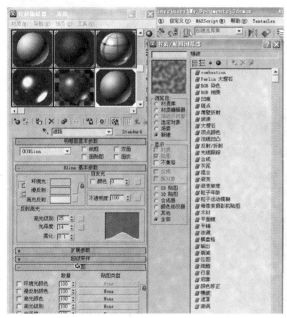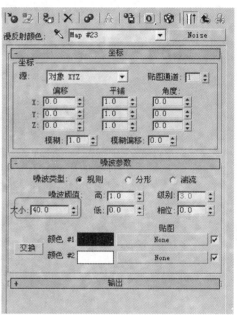

图 7-16　噪波参数设置

（二）光线跟踪材质

对于反光地面、水面、不锈钢等反光的物体表面，使用光线跟踪材质可以准确计算周围景物的倒影，表现反光效果。采用的方式主要是将地面/水面/金属位图作为环境贴图，将光线跟踪定义为光线跟踪程序贴图。

1. 不锈钢材质

采用金属明暗器，增大高光级别和光泽度，加一张环境贴图及光线跟踪反射贴图。

（1）单击 ，打开材质编辑器，选择新的示例球，输入材质名称。

（2）明暗器的明暗调节方式选择"金属明暗器"，参数设置如图 7-17 所示。

（3）回到视图中，选择栏杆扶手和栏杆柱，单击材质编辑器工具栏中的赋材质按钮 ，单击 显示标准贴图按钮，由于使用的反射贴图，在透视图中材质并不显示，只有通过渲染才可以看到效果，效果如图 7-18 所示，在效果图中能够看到栏杆的材质可以反射周围的景物。

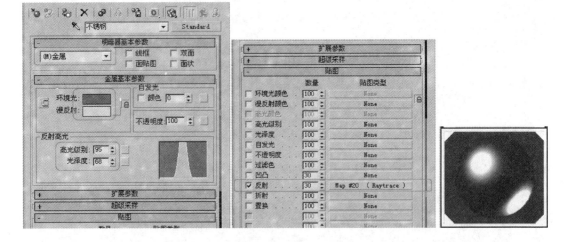

图 7-17　不锈钢材质参数设置

图 7-18　不锈钢材质效果

（4）为栏杆柱和栏杆扶手指定 UVW 贴图。

2. 光滑反射地面材质的制作

（1）单击![按钮]，打开材质编辑器，选择新的示例球，输入材质名称，参数设置如图 7-19 所示。

（2）单击漫反射通道中添加一张砖样位图"拼花 191.jpg"的位图，在材质编辑器中为反射通道设定为"光线跟踪"贴图，数量值为 20。

（3）回到视图中，选择台阶，单击材质编辑器工具栏中的赋材质按钮![按钮]，单击![按钮]显示标准贴图按钮，观察视图材质变化。

（4）为地面指定 UVW 贴图，参数如图 7-20 所示。

（5）快速渲染观察效果图，如图 7-21 所示。

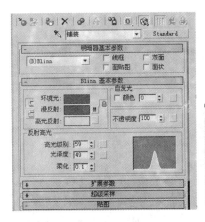

图 7-19 光滑反射地面材质参数设置与贴图

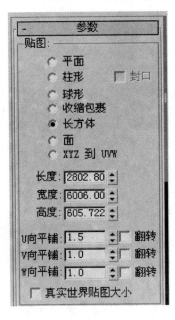
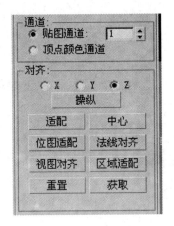

图 7-20 UVW 贴图参数设置

（6）将文件保存为"某办公楼模型—材质"。

3. 水体材质（石塔模型）

水体材质的制作和光滑地面的材质相似。打开"石塔模型"文件。

（1）单击 ▓，打开材质编辑器，选择新的示例球，输入材质名称，参数设置如图 7-23 所示。

（2）单击漫反射通道中添加一张水面位图"SD131. JPG"的位图，反射通道中添加光线跟踪贴图，如图 7-24 所示。凹凸通道中添加噪波贴图，参数设置如图 7-25 所示。

（3）回到视图中，选择水体模型，单击材质编辑器工具栏中的赋材质按钮 ▓，单击 ▓ 显示标准贴图按钮，观察视图材质变化，如图 7-26 所示。

图 7-21   光滑反射地面材质贴图效果

图 7-22   办公楼建模最后效果

（三）多维/子对象材质

多维/子对象材质是一种复合材质，常用于为一个对象的不同区域指定不同的材质，是将多个子材质组合在一起，形成更高层级的材质，在对象层级上指定给一个对象，而这个对象又由若干个子对象组成，子材质与子对象通过材质 ID 号确定对应关系。

图 7-23　水体材质参数设置

图 7-24　水体材质贴图通道

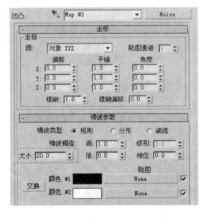

图 7-25　水体材质凹凸通道参数

图 7-26　水体材质效果

操作实例：为园亭的柱基础赋材质

1. 打开"园亭的柱－模型"文件，选择柱基础，激活修改堆栈中"编辑多边形"下的"多边形次选择级"，选择四面的镶嵌花砖的凹槽底面，在编辑多边形展卷栏中设置凹槽面贴图 ID 号为 2，如图 7-27 所示。

图 7-27　面的选择与 ID 号设置

2. 按<Ctrl+I>键，反选其他所有的面，设置 ID 号为 1，如图 7-28 所示。

图 7-28　反选面与 ID 号设置

3. 单击 ，打开材质编辑器，选择新的示例球，单击"获取材质"按钮，在弹出的"材质/贴图浏览器"中双击"多维/子对象"，进入"多维/子对象"基本参数面板，将数量设定为 2，输入材质名称，如图 7-29 所示。

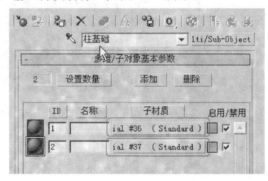

图 7-29　材质数量设置

4. 单击 ID 号为 1 的子材质按钮，设定材质参数如图 7-30 所示。ID 号为 2 的子材质参数设定如图 7-31 所示。

图 7-30　子材质 1 参数设置与贴图

5.向上一级回到"多维/子对象"基本参数面板,如图 7-32 所示,将制作好的材质赋给柱基础。

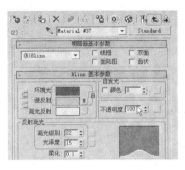

图 7-31　子材质 2 参数设置与贴图　　　　图 7-32　子材质编辑的结果

6.为柱基础指定 UVW 贴图,贴图方式为长方体,Z 轴对齐,观察效果图如图7-33 所示。

图 7-33　多维子物体材质贴图效果

任务二　灯　光　设　置

灯光设置是效果图制作中至关重要的一环,通过模拟太阳光、散射光、放射光使景观环境变得真实、柔和,也能使各种材质表现出最佳效果。

一、常用灯光类型

3DS MAX 一共提供了 5 种基本类型的光源。除泛光灯是向四周照射外,其余 4 种都是有方向的灯光,它们都是(目标聚光灯)的衍生产物,灯光属性和设置参数完全相同。

（一）目标平行光

目标平行光（target direct）是一个柱形光源，它的光线不是散开的而是平行的。它主要用于模拟太阳光效果，通过光线衰减的设置可以得到柔和的光环境，这对于模拟室外建筑或室外环境的照射效果非常有用。

（二）泛光灯

泛光灯（mni）的特点是向四面八方照射。3DS MAX 系统提供了两个泛光灯，在没有进行灯光设置之前，这两个泛光灯就已经存在。并对场景进行照明；如果另外设置了灯光，这两个泛光灯将被隐藏。泛光灯在室外效果图中常用做辅助光源使用。

（三）目标聚光灯

目标聚光灯（target spot）类似手电筒光源。它产生圆形锥体或矩形锥体的照射区域，在照射区域以外的物体不受影响；它是由光源点和目标点组成。它分为两个参数，一个是热点，另一个是落点。它们都用圆形或矩形的区域表示：热点区域表示聚光区，至落点以外无光。当我们在场景中正确确定热点和落点的范围后，会使得光照效果更为真实。

（四）自由平行光

自由平行光（free direct）用于产生平行的照射区域。其投射点和目标点不可分离调节，只能进行整体的移动或旋转。

二、灯光设置

（一）主光

通常用它来照亮场景中的主要对象及其周围区域，并且担任给主体对象投影的功能。主要的明暗关系由主体光决定，包括投影的方向。外景的光线就是太阳，可以多盏平行光来模拟，一盏平行光光线太硬，需要多盏配合，并且设置大的光线衰减，使光线柔和，倾斜向下照射。

（二）背光

它的作用是增加背景的亮度，从而衬托主体，并使主体对象与背景相分离。由聚光灯模拟，由地面下方向上照射，排除地面本身，光线要比主光源弱，设置大的衰减。

（三）补光

可以用一个聚光灯照射扇形反射面，以形成一种均匀的、非直射性的柔和光源，用它来填充阴影区以及被主体光遗漏的场景区域、调和明暗区域之间的反差，同时能形成景深与层次。也可以用泛光灯做补光，并使用光线排除功能只照射暗处。

操作实例：室外场景的灯光设置

1. 打开练习场景"某办公楼模型—材质"文件赋材质的场景。

2. 打开光源。进入灯光命令面板，单击【目标平行光】按钮，在场景中建立一盏目标平行光，点击灯光主体，通过移动工具对灯光的位置进行调节。

设置平行光参数，确定适合的光照范围。设置倍增为 1.4，打开近距离衰减，设定聚光区/光束，参数如图 7-34 所示。

3. 打背光。单击【目标聚光灯】按钮，在主光源的对面建立一盏聚光灯。聚光灯与主灯之间不是正对立的关系，适当地与主光源成一定的钝角，背光的参数和位置如

图 7-35所示。在常规参数中单击【排除】按钮，在弹出的对话框中将地面排除到聚光灯照射之列。

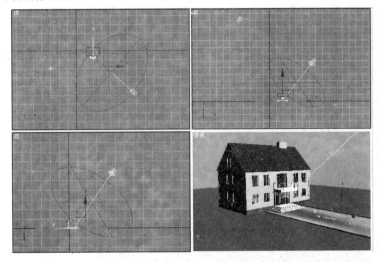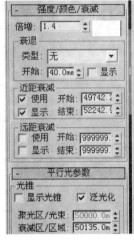

图 7-34 主灯位置调整与参数设置

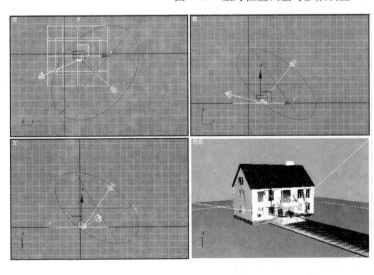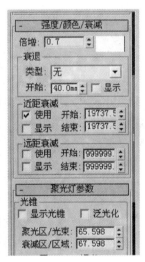

图 7-35 辅助光源位置与参数设置

4. 主光和背光设置完成后，再开启主光的阴影选项，并根据场景设置阴影色和阴影密度。由于场景中有玻璃材质，需要在优化卷展栏中开启透明阴影。形成参数设置如图 7-36 所示。

图 7-36 阴影参数设置

5. 快速渲染，观察最终效果如图 7-37 所示，将文件另存为"某办公楼模型－相机"。

图 7-37　光照渲染后效果

任务三　摄 影 机 设 置

摄影机就是观赏者的视角，根据主景的重点表现和构图的美学需要，通过摄影机的调整来决定视图中主景的位置和尺寸。

一、摄影机镜头

3DS MAX 的摄影机和现实中的摄影机相似，它的调节参数包括镜头尺寸（即镜头焦距，以毫米为单位）和视野。镜头焦距的长短决定镜头视角、视野、景深范围的大小，影响场景的透视关系。根据焦距将摄影机镜头分为标准镜头、广角镜头和长焦距镜头。

1. 标准镜头

指镜头焦距在 40～50mm（缺省值为 43.45584mm，即人眼的焦距），产生接近正常人眼的透视效果。

2. 广角镜头

也称短焦距镜头，特点是景深大，视野宽；前、后景物大小对比鲜明，夸张现实生活中纵深方向物与物之间的距离，在一些效果图中可以产生特殊透视效果。

3. 长焦距镜头

也称窄角镜头，特点是视角窄，视野小，景深也小，多数用于场景某对象的特写，可以压缩纵深方向物与物的距离，改变正常的透视关系，使多层景物有贴在一起的感觉；产生长焦畸变。在鸟瞰图的制作中，可以使用长焦距镜头以产生类似轴测图的视觉效果。

二、摄影机类型

在 3DSMAX 中，摄影机分两种：目标式和自由式。目标式有摄影机点和目标点，而自由式只有摄影机点。利用对摄影机参数的调整和工具栏中控制器的运用，可产生透视、鸟瞰效果，也可以生成漫游和特技效果。

1. 目标摄影机

目标摄影机是三维场景中常用的一种摄影机。因为这种摄影机有摄影机点和目标点。可以在场景中有选择地确定目标点，通过摄影机点的移动来选择任意的观看角度。

2. 自由摄影机

自由摄影机只有摄影机点，没有特定的目标点。在调整时对摄影机点直接操作。在制作摄影机漫游时常使用这种摄影机。对自由摄影机进行调整，只能通过摄影机控制工具栏在摄影机视图中完成。

操作实例：目标摄影机的设置

（1）打开"某办公楼模型－相机"文件。

（2）在创建面板上的摄影机面板中点取"目标"按钮在顶视图中建立一个目标摄影机。将透视图转换为摄影机视图，对照摄影机视图调整摄影机。

（3）在正交视图中创建的摄影机都位于世界坐标轴上，也就是在地平线上，所以需要向上移动。单击摄像机机身和目标点中间的连线同时选中两者，将摄影机在前视图中向上移动到 1500～1700mm 的位置上，在这个范围内上下微调，在摄影机视图中观察，直到满意为止。

（4）选择摄影机机身，进入到修改面板，设置镜头为 50mm 的标准镜头。结果如图 7-38 所示。

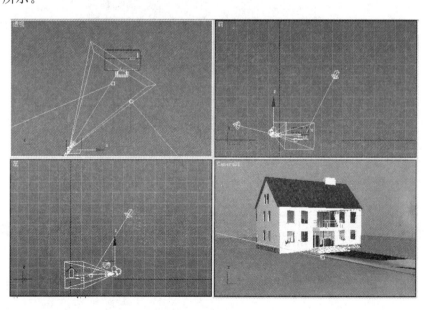

图 7-38　摄像机位置

【思考与练习】

1. 标准材质的属性结构包括哪些内容?

2. 贴图通道和贴图坐标的含义是什么?

3. 怎么制作多维/子对象材质?

4. 单色材质、粗糙材质、反射地面材质、玻璃材质、金属材质、噪波材质制作有哪些共同点?

5. 有哪些摄影机镜头和类型,各有什么特点?

6. 常见灯光类型及特点有哪些?

7. 怎样设置灯光和摄影机?

技能训练

训练任务:"森林公园"绿地场景制作。

训练目标:掌握常用材质制作的基本方法,熟练摄影机、灯光设置和简单的材质应用。

操作提示:打开课件中"森林公园"绿地模型文件,材质主要有地面的铺装、墙面砖、木材质等等。选择合适的观察角度后设置灯光,注意光源的方向、光照角度等。

效果图如图 7-39 所示。

图 7-39 "森林公园"绿地场景效果

项目八 园林三维效果图制作案例

 【内容提要】

　　运用 3DS MAX 制作园林三维效果图主要包括"模型制作"、"赋予材质与贴图"、"设置灯光与相机"、"渲染场景"四个基本工作过程。通过本项目的学习，使同学能够熟练掌握不同空间尺度三维园林效果图案例的制作流程，从而巩固并加深 3DS MAX 软件的使用技巧，为尽快胜任工作岗位打下坚实基础。

 【知识点】

　　园林三维效果图的制作过程
　　准确建立模型的辅助工具
　　小尺度园林效果图的表现重点
　　3DS MAX 建模与 Photoshop 后期处理的关系

 【技能点】

　　三维物体的创建技巧
　　常用材质的编辑过程
　　适宜角度摄影机的设置技巧
　　应用灯光模拟真实阳光的方法

任务一　水景局部效果图制作

一、园亭的制作

（一）模型的制作

1. 启动 3DS MAX 软件，将系统单位和显示单位都设定成毫米。

2. 在顶视图创建一长方体，长度为 3000、宽度为 3000、高度为 78，命名为"底座"。将其置于世界坐标中心，如图 8-1 所示。

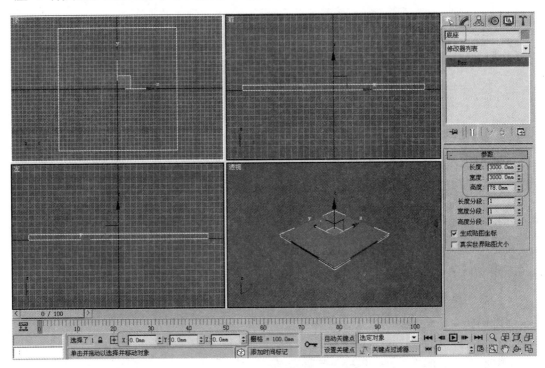

图 8-1　创建园亭底座

3. 在顶视图创建一长方体，长度为 172、宽度为 172、高度为 2500，命名为"柱子"。选择"柱子"，在工具栏上"选择并移动按钮"右击，出现"移动变换输入"对话框，在右侧偏移部分中的 Y 轴后的数值框中输入 78，如图 8-2（a）所示，将柱子向上移动 78mm。使用"参考坐标系"和"使用变化坐标中心"，将柱子中心移至底座的中心，采用镜像复制的方法再复制出三根柱子，如图 8-2（b）所示。

4. 在顶视图创建一个长方体，长度为 2510、宽度为 344、高度为 62，命名为"座椅"，将其在前视图中向上移动 328，位置如图 8-3 所示。

5. 在前视图创建一长度为 250，宽度为 260 的矩形，在修改器列表中选择编辑样条线，在"顶点次物体级"中将顶点类型变为"角点"并移动顶点，如图 8-4 所示，挤出50，命名为"支撑"。

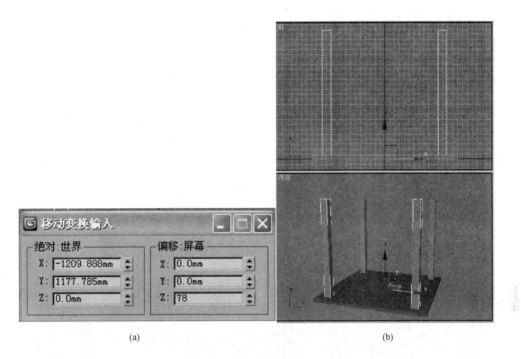

(a)　　　　　　　　　　　　　(b)

图 8-2　创建园亭柱子

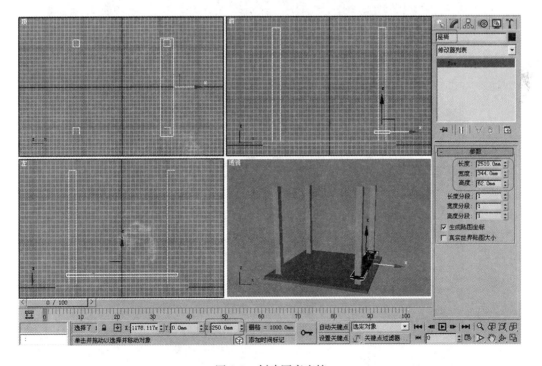

图 8-3　创建园亭座椅

6. 在顶视图选择"支撑"造型，用移动复制的方法沿 Y 轴将其再复制 3 个，调整位置如图 8-5 所示。

7. 单击矩形按钮，在前视图绘制长度为 250，宽度为 130 的矩形。在矩形内使用

"线"命令或使用"编辑样条线"命令，绘制如图 8-6 所示的图形，挤出数值为 35，命名为"靠背"。

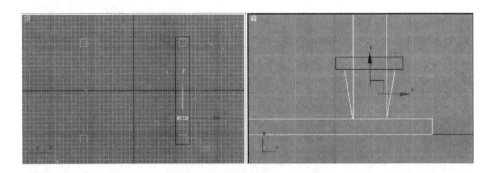

图 8-4　创建座椅支撑

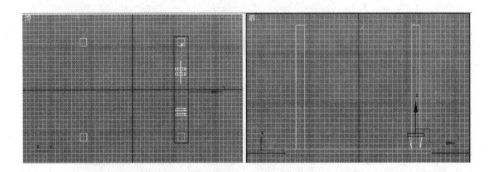

图 8-5　座椅支撑复制效果

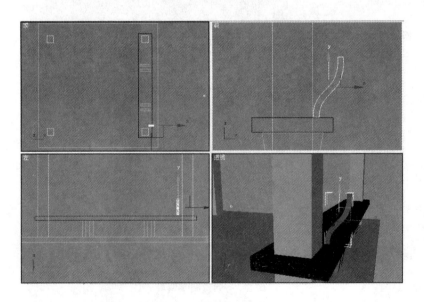

图 8-6　创建园亭靠背

8. 在顶视图选择"靠背"造型，用移动复制的方法将其再复制 9 个，调整其位置如图 8-7 所示。

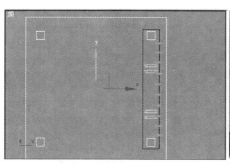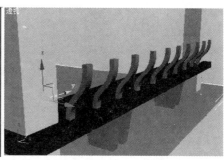

图 8-7　园亭靠背造型复制效果

9. 单击"长方体"按钮，在顶视图中创建长度为 2603，宽度为 58、高度为 62 的长方体，将其命名为"靠背撑"，调整位置如图 8-8 所示。

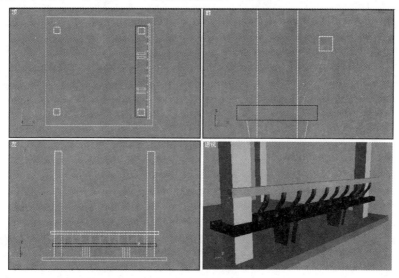

图 8-8　创建靠背撑

10. 单击工具栏上的 按钮，在其上右击鼠标，在弹出的"栅格和捕捉设置"中的"选项"选项卡中"角度"值调为 45 度，如图 8-9 所示。

11. 单击主工具栏上的 按钮，按名称选择"座椅"、"支撑"、"靠背"、"靠背撑"，将它们成组并命名为"靠背座椅"。

12. 在顶视图选择成组后的"靠背座椅"造型，单击工具栏上的 ，配合"Shift"键，将角度捕捉 打开，用旋转复制的方法将其再复制 2 组，调整位置如图 8-10 所示。

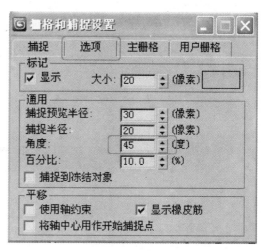

图 8-9　角度捕捉的设定

153

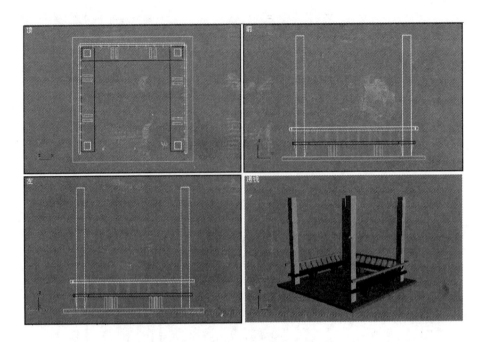

图 8-10　靠背座椅复制效果

13. 单击"长方体"按钮，在顶视图中创建长度为 130、宽度为 2582、高度为 117 的长方体，命名为"梁"，如图 8-11 所示。

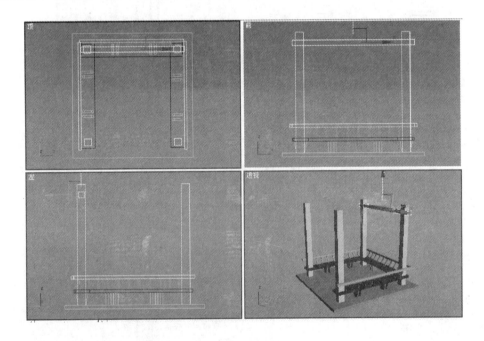

图 8-11　创建园亭梁

14. 在顶视图选择"梁"，用旋转复制的方法将其再复制 3 组，调整位置如图 8-12 所示。

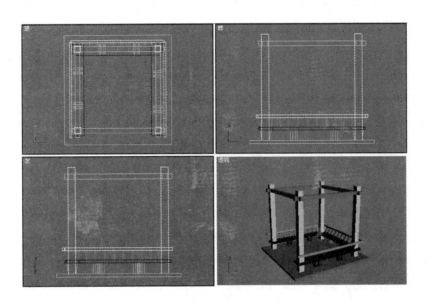

图 8-12 梁复制效果

15. 在顶视图绘制一矩形，长度为 3200、宽度为 3200，将其与"底座"在顶视图中心对齐。进行向内轮廓 100，挤出 100 操作，并在前视图向上移动 2578，命名为"顶梁 01"，调整位置如图 8-13 所示。

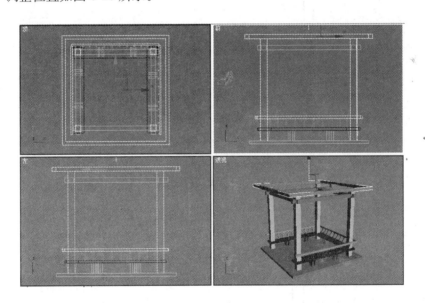

图 8-13 创建顶梁 01

16. 使用同样方法再创建一根"顶梁 02"，矩形的长度和宽度值为 2000，进行向外轮廓 100，调整位置如图 8-14 所示。

17. 在"顶梁 01"的大矩形的对角线上绘制交叉直线，将交叉线附加在一起，进行中心轮廓 80（注意为中心轮廓），将两个轮廓线条进行并集处理，然后轮廓值为 100，在前视图向上移动 2578，命名为"顶梁 03"，如图 8-15 所示。

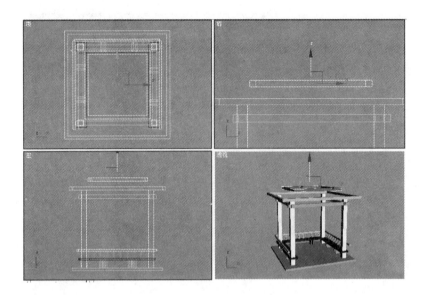

图 8-14　创建顶梁 02

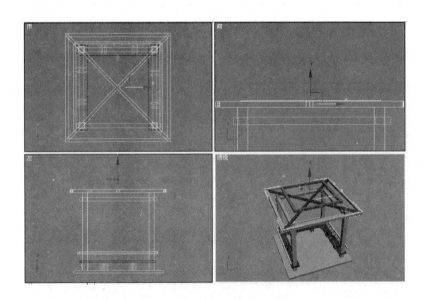

图 8-15　顶梁 03

18.选择"顶梁 03",在修改器列表中将选择编辑网格,选中节点将中心点向上移动到合适的地方,将四角的节点移动合适的位置,如图 8-16 所示。

19.按名称选择所有的顶梁,在选择的物体上点右键,选择"隐藏未选定对象",这样视图中就只显示了所有的顶梁,模型会更清晰。

20.在顶视图绘制一长方体,命名为"亭顶装饰物",对其进行编辑网格操作,调整顶点如图 8-17 所示。

21.将"亭顶装饰物"在前视图再进行复制 10 个,调整位置并将两端的装饰物变短,结果如图 8-18 所示。

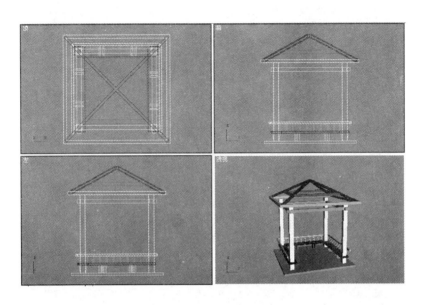

图 8-16 顶梁 03 移动效果

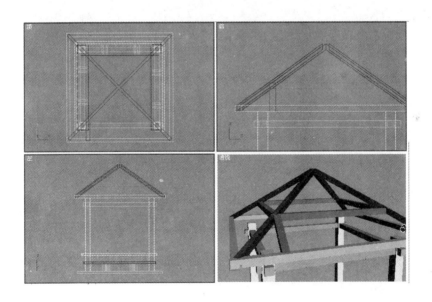

图 8-17 创建亭顶装饰物

22. 将所有的"亭顶装饰物"成组,并进行镜像复制及旋转复制,如图 8-19 所示。

23. 绘制一平面,将片段数调整至合适的参数,以屋顶网格的大小为准,将平面调整到合适位置,命名为"亭顶网格",如图 8-20 所示。

24. 在修改器列表中选择"晶格"命令,将半径参数设为 25,运行"编辑网格"命令,删除多余的节点,新增 FFD3×3×3,将网格调整到合适的位置,如图 8-21 所示。

25. 镜像亭顶网格,完成园亭造型,如图 8-22 所示。

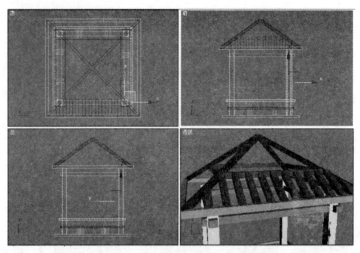

图 8-18　亭顶装饰物复制调整效果

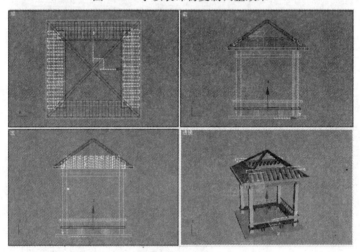

图 8-19　亭顶装饰物成组与复制效果

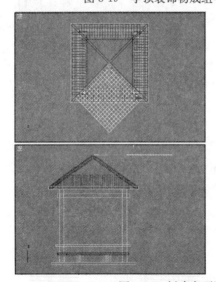

图 8-20　创建亭顶网格

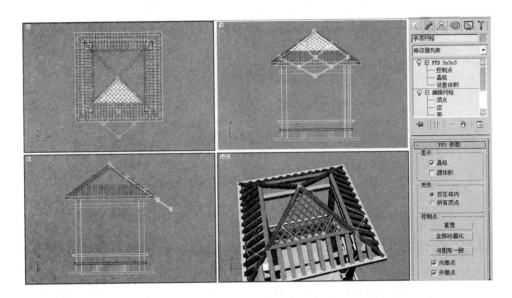

图 8-21　网格编辑效果

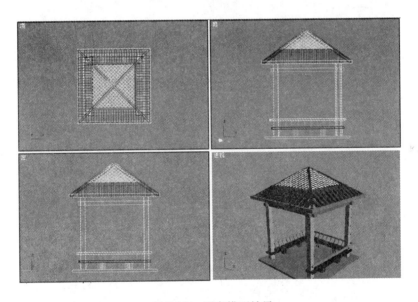

图 8-22　园亭模型效果

（二）赋材质

1. 进入材质编辑器，选择一个示例球，将其命名为"底座"，参数设置及贴图如图 8-23所示，将此材质赋给"底座"模型。

2. 在修改器列表中选择"UVW 贴图"，贴图以长方体方式贴在模型上，对齐方式为 Z 轴方式，适当的调节 u/v/w 方向上的平铺次数，使其显示效果接近实际。

3. 选择另一个示例球，将其命名为"木质材质"，参数设置及贴图如图 8-24 所示，将此材质赋给园亭模型，同样通过"UVW 贴图"对材质的平铺次数进行调节，最后效果参考图 8-25。

4. 选择园亭的所有部分的造型，成组为"园亭"。

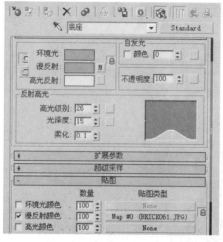

图 8-23　底座基本参数和贴图

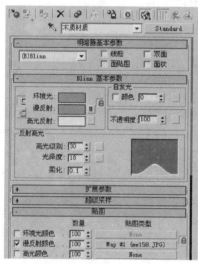

图 8-24　园亭基本参数和贴图

图 8-25　园亭模型效果

二、平台造型的制作

1. 点击"线"按钮，在顶视图中绘制如图 8-26 所示的线型，将其命名为"临水平台"，对临水平台进行挤出数值为 150。由于临水平台有四层，故可先将园亭向上移动 600。

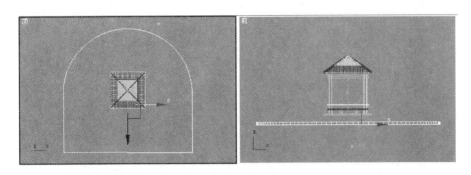

图 8-26　创建临水平台

2. 将"临水平台"进行原地复制，将复制的线条向内轮廓 300，然后删除外层线条，得到第二层平台的线条，同样执行挤出操作，数值为 300，得到第二层平台，用同样的方式得到其他两层平台，其他两层平台的高度分别为 450 和 600，效果如图8-27所示。

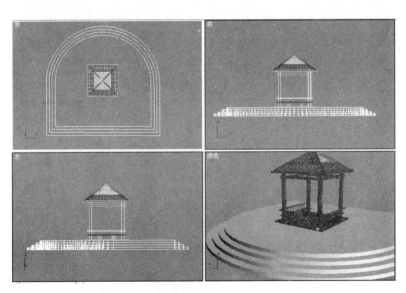

图 8-27　临水平台效果

3. 单击"圆"按钮，在顶视图创建半径为 130 的圆形，在左视图向上移动 600，使其位于最上面一层平台上。在修改器列表中选择"倒角"命令，并进行参数设置，命名"石柱"，如图 8-28 所示。

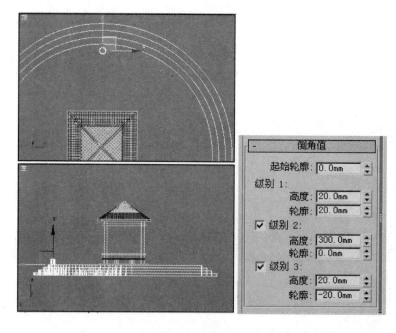

图 8-28　创建石柱

4. 在顶视图中选择"石柱"造型，通过移动复制的方式将其沿临水平台的边缘再复制 8 个，调整位置如图 8-29 所示，将所有的石柱都成组。

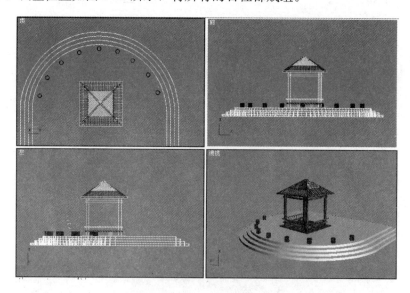

图 8-29　石柱复制效果

三、水池及池沿造型的制作

1. 单击"线"命令，在顶视图中绘制如图 8-30 所示的平面图形，执行挤出操作，挤出值为 300，命名为"水面"。

2. 将"水面"原地复制一个，将复制的线条向外轮廓 230，删除内圈线条，只保留外圈线条并删除穿过临水平台处的线段，此线作为池沿造型的中心线。将池沿造型的中心线原地复制一个作为沿顶的中心线。

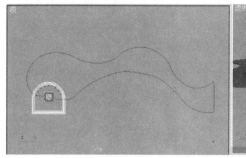

图 8-30　创建水面

3. 在"按名称选择"中选择池沿造型的中心线，将中心线以中心方式进行轮廓，轮廓值为 460，然后将挤出的数量修改为 600，命名为"池沿"，如图 8-31 所示。

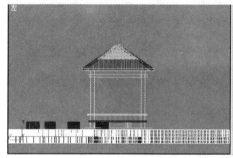

图 8-31　创建池沿

4. 在"按名称选择"中选择复制的中心线，以同样的方式制作"沿顶"，轮廓值为 660，将挤出的数量修改为 88，将挤出后的"沿顶"在前视图向上移动 600，使其位于池沿的上端，如图 8-32 所示。

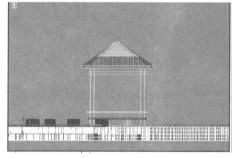

图 8-32　创建沿顶

四、园路及铺装路面造型的制作

1. 单击"线"命令，在顶视图中绘制如图 8-33 所示的平面图形，将两个图形附加为一体挤出数量值为 50，并命名为"铺装路面"。

2. 将"水面"原地复制，命名为"园路"，删除"园路"线条中穿过临水平台处的线段，向外轮廓 3000，挤出数量为 49.5，如图 8-34 所示。

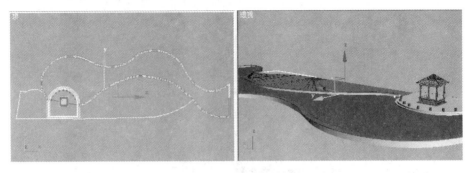

图 8-33　创建铺装路面

图 8-34　创建园路

3. 单击"平面"命令，在顶视图中生成一平面，作为草坪背景，如图 8-35 所示。

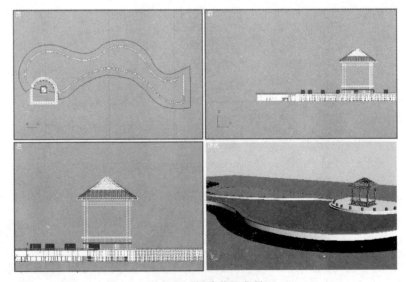

图 8-35　创建草坪背景

五、材质的设置

1. 打开材质编辑器，选择一个示例球，命名为"临水平台"，材质参数设定与贴图如图 8-36 所示。在修改器列表中选择 UVW 贴图，设置参数，将设定好的材质赋予给四层临水平台，效果如图 8-37 所示。

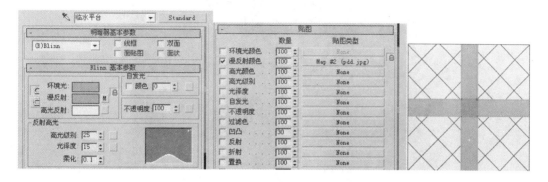

图 8-36　临水平台参数和贴图

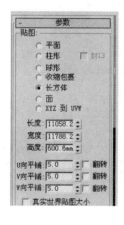

图 8-37　UVW 贴图参数设置及效果

2. 重新选择一个示例球，将其命名为"理石"，材质参数设定与贴图如图 8-38 所示。将制作完成的理石赋予给"沿顶"模型和"柱"模型，在修改器列表中选择 UVW 贴图，设定合适的平铺次数，效果如图 8-39 所示。

图 8-38　理石材质参数与贴图

图 8-39　理石材质效果

3. 选择一个示例球，将其命名为"砖墙材质"。材质参数设定与贴图如图 8-40 所示，将制作完成的砖墙赋予给"池沿"模型，在修改器列表中选择 UVW 贴图，设定合适的平铺次数，效果如图 8-41 所示。

图 8-40　砖墙材质参数和贴图

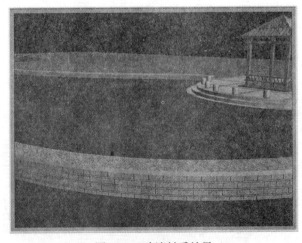

图 8-41　砖墙材质效果

4. 用同样的方法为"园路"（青石板 .jpg）、"铺装路面"（文化广场平面副本 .jpg）赋材质。水体材质的制作参考书中项目七制作方法，效果如图 8-42 所示。

图 8-42　水体材质效果

六、合并模型

1. 执行菜单栏中的文件/合并命令，打开课件中的"桥体 .max"文件，合并后的形态及位置如图 8-43 所示。

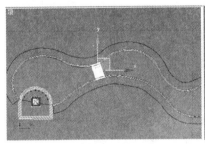

图 8-43　桥体合并效果

2. 将文件保存为"水景局部效果图—模型"。

七、摄影机的设置

在此案例中，由于空间尺度较小，并且主要表现的园亭及近园亭的水面比较集中，所以摄像机采用平视的普通焦距比较合适。

1. 打开案例"水景局部效果图—模型"。

2. 切换至透视图，可以采用在顶视图中建立一个目标摄像机，再进一步微调的方式进行摄像机的设置；也可以通过视窗控制工具按钮、平移、放大或缩小等操作，将视图的构图设计完成后，按〈Ctrl＋C〉键，快捷建立摄影机点。执行该操作后透视图就变成了摄影机视图。

3. 选择摄影机的机身，进入修改面板，打开目标摄影机参数展卷栏，调整摄影机的镜头焦距。

4. 通过在其他视图中拖动鼠标选择观看角度，观察摄影机视图的调整结果，直到合适为止，效果如图 8-44 所示。

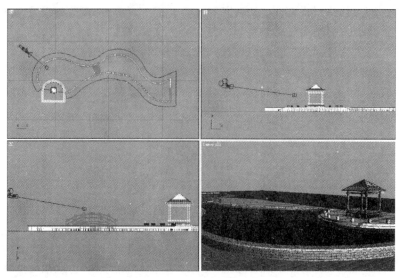

图 8-44　摄影机视图效果

八、灯光的设置

在设置灯光的方向时要注意考虑好图面的亮面和暗面方向，注意营造层次丰富的图面效果。

1. 单击灯光创建面板中的"目标平行光"，在顶视图中设置一盏目标平行光，这样在视野内靠近构图中心的部位是亮面，而正对视点偏左的地方是暗面，使画面层级感强烈。

2. 设置目标平行光后，摄影机视图黑暗，原因是灯光位于地平线上。切换到前视图，将光源向上移动，大约与地平线成 50°的高度上。这样的位置使高光区域不会太高，暗面的地方也不会太黑暗。

3. 进入修改面板，将强度由 1.0 逐渐增强，直到高光区域明显，画面的亮面和暗面都很清晰，主光源的参数设置、位置和场景效果如图 8-45 所示。

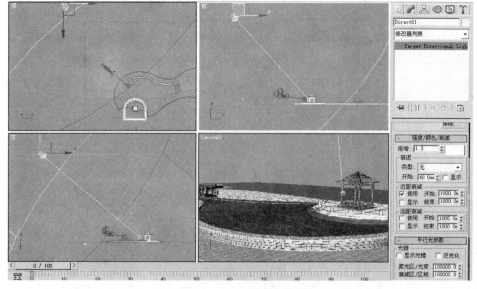

图 8-45　主光源设置效果

4. 进入灯光创建面板，单击【泛光灯】按钮，在顶视图增加一盏泛光灯、作为辅助光源，一般辅助光源的灯光强度较小，可以从低逐步调亮灯光，辅助光源的参数设置、位置和场景效果如图 8-46 所示。

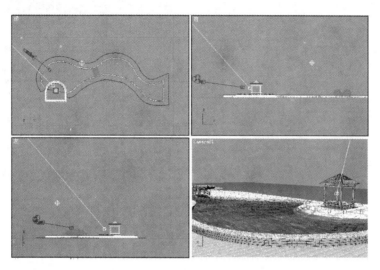

图 8-46　辅助光源设置效果

5. 快速渲染摄影机视图观察效果如图 8-47 所示。

6. 在主光源的修改面板中常规参数展卷栏中阴影区勾选"启用"选项，并在下拉菜单中选择"区域阴影"，调节阴影的相关参数，再次快速渲染摄影机视图结果如图 8-48 所示。

图 8-47　快速渲染效果　　　　　　　图 8-48　快速渲染（阴影开启效果）

九、渲染输出设置

1. 场景调节完成后就可以进行渲染输出。按〈F10〉键进入渲染场景对话框，在公用参数展卷栏中将图像的纵横比锁定为默认的 1.333 33，设置输出宽度为 3000，高速为 2250，可以打印 A1 图纸，这样可以满足 A1 及 A1 规格以下的图纸要求，如图 8-49 所示。

2. 进入渲染器选项卡，在抗锯齿过滤器下拉菜单中选择"Catmull-Rom"，这样会使输出的位图具有显著的边缘增强的效果，如图 8-50 所示。

图 8-49　渲染输出图纸尺寸设置　　　　　图 8-50　渲染输出过滤器设置

3. 渲染场景后效果如图 8-51 所示。

4. 单击渲染窗口左上角的 ⊞ 按钮，保存图像至目标位置，文件名为"水景局部效果图－渲染"，保存类型"＊.tga"。在出现的"Targa 图像控制"对话框中勾选"Alpha 分割"选项，可以在 Photoshop 中将渲染背景分离出来。

图 8-51　场景渲染最终效果

十、简单色彩通道渲染

为了方便在 Photoshop 中某些选区的建立，一般都会生成一张简单色彩通道渲染的图片。这张图片要求和渲染输出的文件大小一致，图画中的视角一致（同一个摄影机视角），模型上相邻的材质颜色对比越强烈越好（方便 Ps 中选区的建立）。

1. 将"水景效果图－渲染"另存为"水景局部效果图－通道"文件。

2. 打开材质编辑器，将已制作好的各种材质均设定为单色自发光材质，如图 8-52 所示。

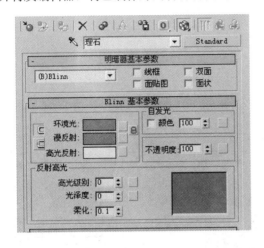

图 8-52　自发光材质

3. 以渲染材质文件的大小渲染输出通道文件中的摄影机视图，结果如图 8-53 所示。

图 8-53　通道图片效果

4. 单击渲染窗窗口左上角的 按钮，保存图像至目标位置，文件名为"水景局部效果图－通道"，保存类型"＊.tga"。

十一、园林局部效果图的后期处理

Photoshop 是最常用的后期处理软件，功能强大，3DS MAX 渲染图的最终效果取决于对场景表现内容的准确定位和对后期处理手法的熟练应用。

启动 Photoshop，打开"水景局部效果图－渲染.tga"文件和"水景局部效果图－通道.tga"文件，将通道文件的背景图层用鼠标拖动到渲染的效果图中，作为底图，方便修改区域的选择。

效果图的后期制作见本书的第 3 部分"Photoshop 园林图后期制作"的部分内容。图 8-54 为后期处理最终结果，以供参考。

图 8-54　后期处理最终结果

任务二　工业园区鸟瞰效果图制作

一、CAD 文件的导入

1. 打开 3DS MAX，进行系统单位设置，将"系统单位设置"和"显示单位比例"均调为毫米。

单击【自定义】/【首选项】菜单，出现"首选项设置"对话框，如图 8-55 所示，在"常规"选项卡中，将"场景撤销"的级别调为 90 或 100 步，这样可以方便找回 20 步以前的作图状态。

单击【自定义】/【保存自定义 UI 方案】，点击"保存"，出现"自定义方案"对话框，如图 8-56 所示，点击"确定"，系统就将当前文件的自定义参数进行了保存，这样下次新建或打开空白的 3D 文件就不用再次设置了。

2. 执行菜单【文件】/【导入】命令，文件类型选择"AUTO CAD 图形"，选择课件中的"米饮料工业园区－整理后.dwg"文件，此时出现"Auto CAD DWG/DXF 导入选项"对话框，如图 8-57 所示，勾选"模型大小"区域的"重缩放"，并将"传入的文件单位"选择为毫米，勾选"几何体选项"区域的"焊接附近顶点"，然后点击"确定"完成 CAD 文件的导入，如图 8-58 所示。

3. 将 CAD 文件置于世界坐标中心。

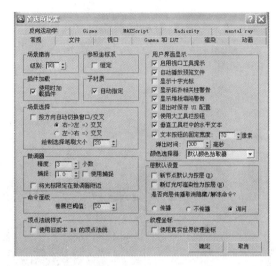

图 8-55　首选项设置

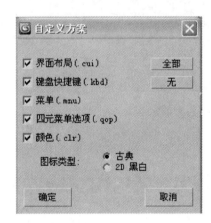

图 8-56　自定义 UI 方案

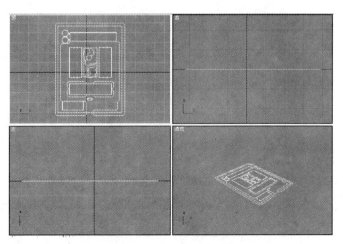

图 8-57　导入 CAD 文件选项对话框　　　图 8-58　CAD 文件导入完成

二、路沿及绿地造型的制作

(一) 主楼附近路沿及绿地造型的制作

1. 主楼附近路沿造型的制作：进入"样条线次物体级"，将主楼附近路沿相关的线条均加选上，勾选上"分离"按钮后面的"复制"选项，如图 8-59 所示，点击"分离"按钮出现"分离"对话框，输入"主楼附近路沿"，确定。

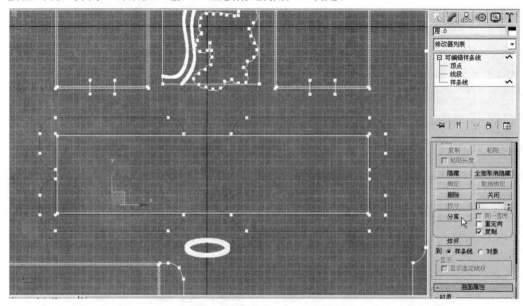

图 8-59　主楼附近路沿造型的制作

2. 点击 ，选择刚刚分离复制出来的线条，通过"修剪"命令整理线型，如图8-60所示。

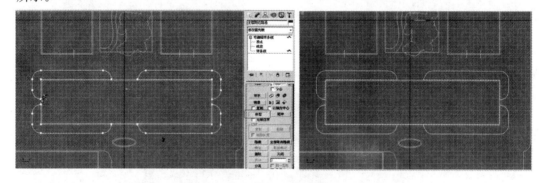

图 8-60　主楼附近路沿造型制作—修剪结果

3. 将路沿所有的顶点均选择上，将"焊接"按钮后面的数值框中输入 100，然后点击"焊接"。

4. 逐个选择路沿的线条，向内轮廓 100，结果如图 8-61 所示。

5. 进行"挤出"操作，挤出的数值为 150，结果如图 8-62 所示。

6. 主楼附近绿地造型的制作：将路沿线条进行原地复制，将复制后的线条命名为"主楼附近绿地"，删除外侧线条，将挤出数量值更改为 100，结果如图 8-63 所示。

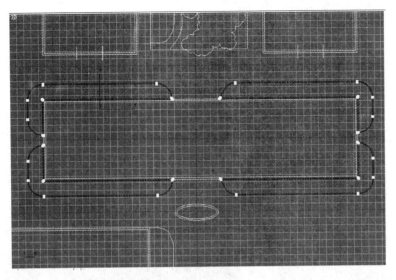

图 8-61　主楼附近路沿造型制作－轮廓结果

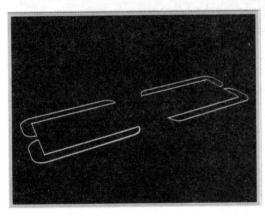

图 8-62　主楼附近路沿造型的制作－挤出结果

图 8-63　创建主楼周围绿地及路沿

（二）其他部分的路沿与绿地

使用相同的方法制作其他部分的路沿与绿地，结果如图 8-64 所示。

图 8-64　其他绿地和路沿

（三）路沿材质的制作

打开材质编辑器，制作如图 8-65 的材质，然后将材质赋予给所有的路沿。为路沿模型指定 UVW 贴图，适当调整贴图的平铺次数或大小，如图 8-66 所示。

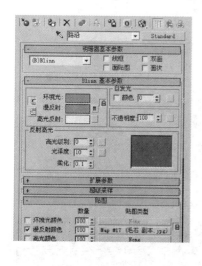

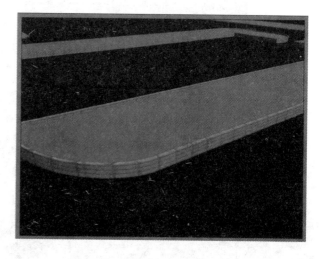

图 8-65　路沿材质　　　　　　　　　　图 8-66　路沿材质效果

三、小游园中园路造型的制作

1. 在底图中将广场中园路的相关线型分离复制出来，通过修剪以及焊接等操作使图形成为一条闭合的线型，如图 8-67 所示。

2. 进行"挤出"操作，挤出的数值为 100.5，结果如图 8-68 所示。

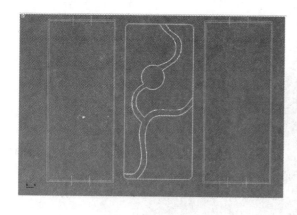

图 8-67　创建园路闭合线型　　　　　　　图 8-68　园路模型挤出效果

3. 制作园路铺装的材质，如图 8-69 所示，将材质赋予园路，并指定 UVW 贴图，结果如图 8-70 所示。

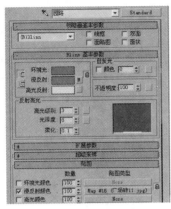

图 8-69　园路材质　　　　　　　　图 8-70　园路材质效果

四、其他造型的制作

（一）停车位线

1. 使用"线"、"矩形"等绘图命令，创建如图 8-71 所示的停车位线型。

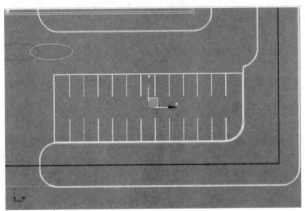

图 8-71　创建停车位线型

2. 修改线型的参数如图 8-72 所示，此时停车位线即使是二维的线型但也能在视图中，以及透视图和渲染图中显现，如图 8-73 所示。

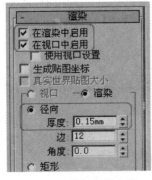

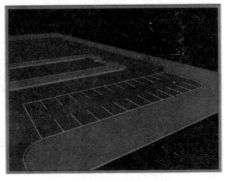

图 8-72　停车位线参数　　　　　　图 8-73　停车位线

（二）材料罐

1. 使用"线"命令，在前视图绘制如图 8-74 的线型。

2. 进行"车削"操作，分段数设定为 16，输出类型为网格，如图 8-75 所示，结果如图 8-76 所示。

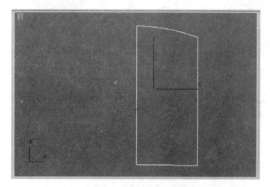

图 8-74　创建材料罐线型　　　　　　　　图 8-75　材料罐车削参数

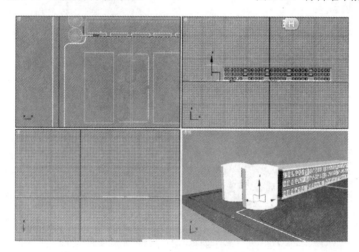

图 8-76　材料罐效果图

3. 制作材料罐的自发光材质，如图 8-77 所示，将材质赋予材料罐，快速渲染结果如图 8-78 所示。

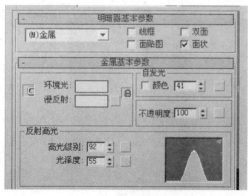

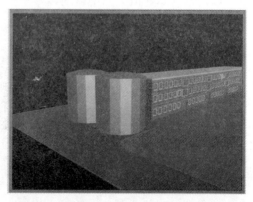

图 8-77　材料罐材质编辑　　　　　　　　图 8-78　材料罐效果

（三）地面

使用"长方体"命令创建一地面，位于绿地的下方，为地面赋一单色材质，如图 8-79 所示，结果图 8-80 所示。

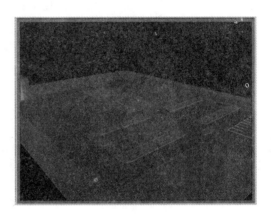

图 8-79　地面材质编辑　　　　　　　　　　　　　图 8-80　地面效果

五、合并其他模型

主要合并的模型为主楼、各个厂房等造型，具体步骤如下：

1. 点击【文件】/【合并】操作，选择"后厂房"文件，在出现的"合并"对话框中选择"全部"并"确定"，如果出现"重复材质名称"对话框，进行如图 8-81 所示的操作"后厂房"造型文件就合并到当前文件里了，调整模型的大小和位置，结果参考如图 8-82 所示。

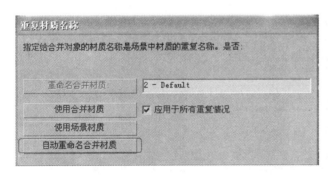

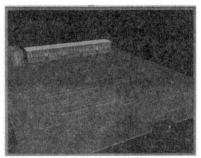

图 8-81　合并中重复材质设置　　　　　　　　　　图 8-82　后厂房合并效果

2. 用同样的方法将"主楼后厂房"、"主楼"、"大门旁厂房"、"门卫室"等合并到当前文件中，结果参考如图 8-83 所示。

3. 保存文件为"工业园区鸟瞰效果图－模型"。

图 8-83　工业园区鸟瞰效果图－模型

六、摄影机的设置

1. 通过视窗控制工具按钮、平移、放大或缩小等操作，将透视图的构图设计成合理的角度，按〈Ctrl＋C〉键，快捷建立摄影机点。执行该操作后透视图就变成了摄影机视图。

2. 选择摄影机的机身，进入修改面板，打开目标摄影机参数展卷栏，调整摄影机的镜头焦距，如图 8-84 所示。

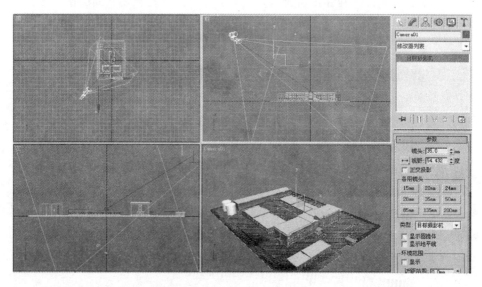

图 8-84　摄影机设置

3. 通过在其他视图中拖动鼠标选择观看角度，观察摄影机视图的调整结果，直到合适为止，效果如图 8-85 所示。

图 8-85　摄影机视图

七、灯光的设置

由于此案例的观景角度较高，为鸟瞰图，想要达到的是室外阳光漫反射比较强烈的效果，整个画面的灯光为同一个类型，主灯光没有像其他案例那样灯光强度提到 1.3 以上，而是 1.0，整个画面较暗，需增加多盏辅助光源来逐盏提亮画面。

1. 创建主光源

常用的室外主光源为目标平行光或目标聚光灯，单击灯光创建面板中的【目标聚光灯】，在顶视图中设置一盏目标聚光灯，位置如图 8-86 所示，渲染的效果如图 8-87 所示。

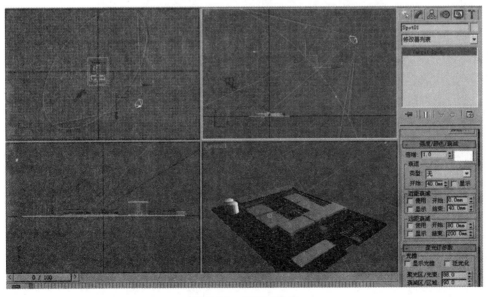

图 8-86　主光源位置

图 8-87　主光源效果

2. 辅助光源

辅助光源主要起平衡画面明暗变化的效果，常用的辅助光源为 2～3 盏的泛光灯，也可以使用多盏和主光源同样类型的灯光，无论哪种辅助光源，要求灯光的强度一定要低，辅助光源设置如图 8-88 所示，效果如图 8-89 所示。

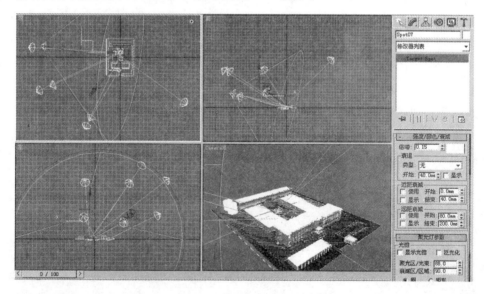

图 8-88　辅助光源设置

3. 快速渲染摄影机视图观察效果。

4. 在主光源的修改面板中常规参数展卷栏中阴影区勾选"启用"选项，并在下拉菜单中选择"区域阴影"，调节阴影的相关参数，再次快速渲染摄影机视图结果，如图 8-90所示。

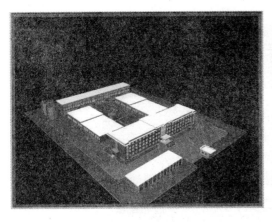

图 8-89　辅助光源效果

图 8-90　灯光最终效果图

八、渲染输出设置

1. 场景调节完成后就可以参考前一个案例进行渲染输出，渲染场景后效果如图8-91所示。

2. 保存渲染图像至目标位置，文件名为"工业园区鸟瞰效果图－渲染"，保存类型"＊.tga"。

3. 根据实际需要考虑是否需要色彩通道渲染。

九、水景效果图的后期处理

效果图的后期处理可结合本书的第 3 部分"Photoshop 园林图后期制作"的学习内容进行。图 8-92 为后期处理最终效果，以供参考。

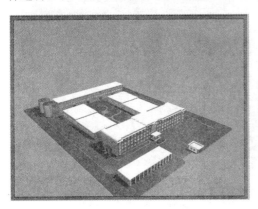

图 8-91　渲染场景效果

图 8-92　工业园区最终效果图

【思考与练习】

1. 园林效果制作的流程？

2. 二维线型"挤出"不成功，原因可能有哪些？

3. 适宜角度摄影机的设置技巧都有哪些？

4. 如何应用灯光模拟真实阳光？

5. 总结常用物体材质的制作方法。

⏰ 技能训练

训练任务：小游园鸟瞰效果图制作

训练目标： 熟练掌握应用二维图形到三维物体的创建过程，掌握材质的制作以及灯光和摄影机的设置技巧。

操作提示：

1. 打开小游园 CAD 文件，删除植物等园林要素，只保留轮廓线。

2. 选择全部轮廓线，在键盘中输入写块命令"w"，命名"新块"选择存储路径保存。

3. 打开 3DS MAX 软件，设置单位为"mm"，把 **新块** 文件直接拖拽到顶视图，选择导入文件。

4. 选择命令面板里面的【图形】/【线】命令，在顶视图中重新描绘导进来的模型。

5. 为后期建模方便，不同区域需用不同颜色直线进行描边，边缘弧形需要在直线上进行加点细化，并用 Bezier（贝塞尔）来调整点位置，如图 8-93 所示。

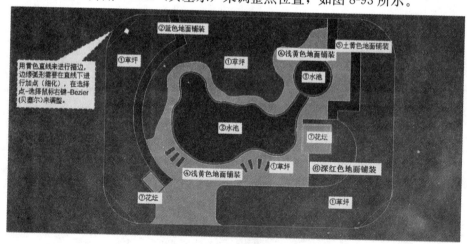

图 8-93 描绘小游园边界

6. 选择图形外框线，转换为【可编辑样条线】，再进行【轮廓】偏移-550mm，然后进入【修改】命令面板，选择【挤出】命令，数量为200。

7. 选择草坪轮廓线，转换为【可编辑样条线】，进入【修改】命令面板，选择【挤出】命令，数量为220。

8. 制作草坪材质。打开材质编辑器 📋，选择一个示例球，输入材质名称"草坪"，在贴图展卷栏中为漫反射通道指定位图文件"grass08"，在修改器列表中选择 UVW 贴图为平面，设置长、宽分别为 45600、64700，将制作好的材质赋予草坪。

9. 选择蓝色地面铺装轮廓线，转换为【可编辑样条线】，进入【修改】命令面板，选择【挤出】命令，数量为150。

10. 制作蓝色地面铺装材质。打开材质编辑器 ⸬，选择另一个示例球，输入材质名称"蓝色地面铺装"，在贴图展卷栏中为漫反射通道指定位图文件"大理石地砖6"，在修改器列表中选择 UVW 贴图方式为长方体，设置长、宽、高分别为1900、2300、100，将制作好的材质赋予蓝色地面铺装。

11. 选择水池轮廓线，转换为【可编辑样条线】，进入【修改】命令面板，选择【挤出】命令，边框参数数量为400，水池平面参数数量为100。

12. 制作水池外框沿材质。打开材质编辑器 ⸬，选择一个示例球，输入材质名称"水池外框"，在贴图展卷栏中为漫反射通道指定位图文件"水泥"，在修改器列表中选择 UVW 贴图方式为长方体，设置长、宽、高分别为2500、7100、370，将制作好的材质赋予水池外框。同上方法制作水面材质，位图文件为"水032"，UVW 贴图方式为平面，长、宽分别为5510、5510，将制作好的材质赋予水面。

13. 选择浅黄色地面铺装轮廓线，转换为【可编辑样条线】，进入【修改】命令面板，选择【挤出】命令，参数数量为150。

14. 制作浅黄色地面铺装材质。打开材质编辑器 ⸬，选择一个示例球，输入材质名称"浅黄色地面铺装"，在贴图展卷栏中为漫反射通道指定位图文件"地砖01"，在修改器列表中选择 UVW 贴图方式长方体，设置长、宽、高分别为1200、1200、100，将制作好的材质赋予浅黄色地面铺装。

15. 选择土黄色地面铺装轮廓线，转换为【可编辑样条线】，进入【修改】命令面板，选择【挤出】命令，参数数量为260。

16. 制作土黄色地面铺装材质。打开材质编辑器 ⸬，选择一个示例球，输入材质名称"土黄色地面铺装"，在贴图展卷栏中为漫反射通道指定位图文件"地面花纹02"，在修改器列表中选择 UVW 贴图方式长方体，设置长、宽、高分别为3500、3500、260，将制作好的材质赋予土黄色地面铺装。

17. 选择深红色地面铺装轮廓线，转换为【可编辑样条线】，进入【修改】命令面板，选择【挤出】命令，参数数量为260。

18. 制作深红色地面铺装材质。打开材质编辑器 ⸬，选择一个示例球，输入材质名称"深红色地面铺装"，在贴图展卷栏中为漫反射通道指定位图文件"地面花纹006"，在修改器列表中选择 UVW 贴图方式为长方体，设置长、宽、高分别为1200、1200、260，将制作好的材质赋予深红色地面铺装。

19. 选择花坛以及外框轮廓线，转换为【可编辑样条线】，进入【修改】命令面板，选择【挤出】命令，参数数量为450。

20. 同上方法制作花坛外框材质，位图文件"大蘑菇石"，UVW 贴图方式为长方体，设置长、宽、高分别为2300、2800、850，将制作好的材质赋予花坛外框，效果如图8-94所示。

21. **摄像机及灯光设置如图8-95所示，最终渲染效果如图8-96所示。**

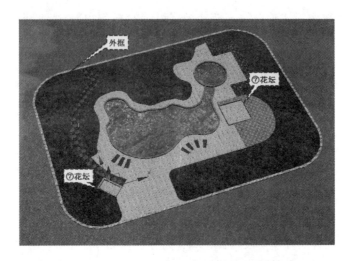

图 8-94　小游园材质贴图效果

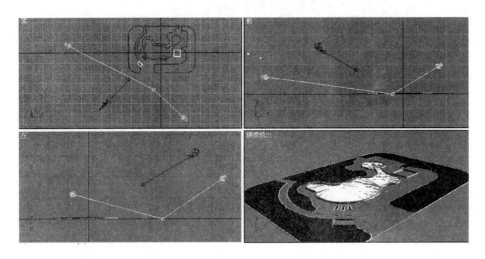

图 8-95　摄影机及灯光设置

22. 效果图的后期处理可结合本书的第 3 部分"Photoshop 园林图后期制作"的学习内容进行。图 8-97 为后期处理最终效果，以供参考。

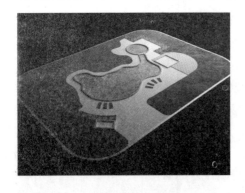

图 8-96　小游园鸟瞰效果图-模型

图 8-97　小游园鸟瞰效果图最终效果

第三部分 Photoshop CS 效果图后期处理篇

项目九 Photoshop CS 快速入门

【内容提要】

　　Photoshop CS 是 Adobe 公司推出的一款功能十分强大、使用范围广泛的平面图像处理软件。同时也是园林设计师绘制园林各种效果图的首选软件，通过本项目的学习，使同学能够熟悉 Photoshop CS 的工作界面，掌握图像格式、图像大小和分辨率等方面的基础知识，为后期 Photoshop CS 软件的基本操作奠定基础。

【知识点】

　　Photoshop CS 的工作界面
　　图像的模式和格式
　　图像的大小和分辨率
　　图像的颜色模式

【技能点】

　　菜单栏、控制面板、工具箱、工具属性栏的使用方法
　　根据图片的不同用途选择合适的图像模式和格式
　　根据图像的不同打印要求设置合适的图像大小和分辨率

任务一　认识 Photoshop CS

一、Photoshop CS 启动与退出

（一）启动

启动 Photoshop CS 一般有两种方法：

1. 用鼠标双击桌面上 Photoshop CS 的快捷方式图标 ![icon] 。

2. 执行【开始】/【程序】/【Photoshop CS】菜单命令启动程序，如图 9-1 所示。

图 9-1　Photoshop CS 启动程序

（二）退出

退出 Photoshop CS 一般有三种方法：

1. 用鼠标单击 Photoshop CS 软件界面右上角"关闭"按钮 ![x] 。

2. 在 Photoshop CS 的菜单栏中选择【文件】/【退出】命令。

3. 按〈Alt＋F4〉组合键。

二、Photoshop CS 工作界面

启动 Photoshop CS 后，打开课件中项目九的"瀑布"图像文件，Photoshop CS 工作界面如图 9-2 所示。

（一）标题栏

标题栏位于操作界面的顶部，颜色显示为蓝色，其左侧主要显示该应用程序的名

称，单击标题栏左侧的 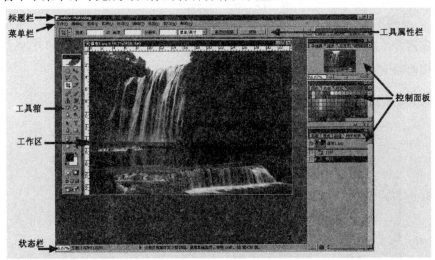，可以弹出一个对 Photoshop CS 窗口进行还原、最大化、最小化、关闭等操作的快捷菜单，标题栏右侧有缩小、还原、关闭操作的按钮。

（二）菜单栏

菜单栏主要由文件、编辑、图像等共 9 个主菜单组成，用户可以根据需要通过主菜单下的若干子菜单命令完成对图像的各种操作及设置。

图 9-2　Photoshop CS 的工作界面

（三）工具箱

如图 9-3 所示，工具箱包含各种常用的工具，单击工具按钮可以进行相应的操作。

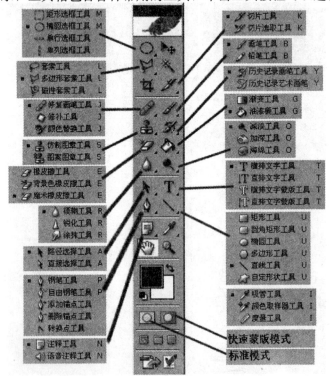

图 9-3　Photoshop CS 的工具箱

（四）工具属性栏

随着选取工具的不同，出现相应工具的属性设置。图 9-4 为选取钢笔工具 时出现的对应的工具属性栏。

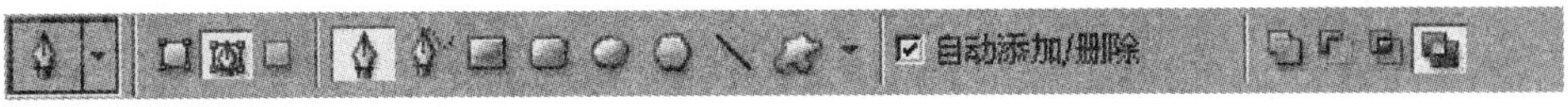

图 9-4 Photoshop CS 的工具属性栏

（五）绘图区

即图像显示的区域，用于编辑和修改图像。图像窗口标题栏主要显示了该图像的名称、格式、图像显示比例以及图像的色彩模式等信息。标题栏右侧还有对该图像窗口进行放大、缩小和关闭等操作的按钮，如图 9-5 所示。

图 9-5 Photoshop CS 的标题栏

（六）控制面板

控制面板是 Photoshop CS 界面中一个非常重要的部分，其作用是帮助用户编辑和处理图像。控制面板可以通过【窗口】菜单进行设置，如图 9-6 所示。

默认状态下，Photoshop CS 的控制面板分为 5 组，每一组都由数个控制面板组合在一起，如图 9-7 所示。也可根据需要将它们进行任意分离、移动与组合。例如，要使【历史记录】脱离原来面板独立出来，可单击【历史记录】标签并拖动到其他位置。要还原【历史记录】调板至原位置，只需将其拖动回原来调板。在所有的控制面板中，【历史记录】、【图层】、【通道】、【路径】四个面板使用最频繁。

图 9-6 Photoshop CS 的控制面板

图 9-7 控制面板组合显示

【历史记录】面板

历史记录控制面板记录了用户对图像所做的编辑和修改操作。要想恢复到某一项操作，只需在浮动面板上单击想要恢复的步骤即可快速回到该项操作。

【图层】面板

图层面板主要用于对图层的编辑和管理，如图层的新建、删除或合并等。在选择移动 ⊕ 工具的情况下，在要编辑操作的图像上点击鼠标右键，可快速出现该图像所在的图层，选取该图层，就可以很容易地对该图层上的所有图像进行修改和编辑。

【通道】面板

通道面板可以记录图像的颜色数据，并可以切换成图像的颜色通道，以便进行各通道的编辑。

【路径】面板

路径面板用于创建和编辑工作路径，并可以将路径应用在添色、描边或将路径转换为选区等不同方面。

（七）状态栏

状态栏位于窗口最底，其主要功能作用如图 9-8 所示。

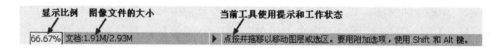

图 9-8　Photoshop CS 的状态栏

任务二　了解图像基础知识

一、图像的模式与格式

（一）图像模式

图像的颜色是由各种不同的基色来合成的，这种构成颜色的方式在 Photoshop 中称为颜色模式。

1. 位图模式

位图模式是只由黑和白两种像素来表示图像的颜色模式。只有图片在灰度模式或多通道的情况下才可以选择位图模式。这种模式的图片占用的存储空间很小，但是色调过于单一，没有过渡色，所以一般不使用这种模式制图。

2. 灰度模式

灰度模式只有灰度信息，没有彩色信息，颜色介于黑色（0）和白色（255）之间。一幅图片一旦选择灰度模式后，它的彩色信息将全部丢失，无法恢复。所以，在选择灰度模式的时候一定要慎重。

3. RGB 颜色模式

RGB 颜色模式是由红（R）、绿（G）、蓝（B）三种颜色按不同的比例混合而成的。因为 RGB 颜色可以显示我们所需要的所有颜色，所以是我们最常用的颜色模式。园林效果图通常是在这种颜色模式下完成的。

4. CMYK 颜色模式

CMYK 颜色模式是一种印刷色模式。它是由青（Cyan）、品红（Magenta）、黄（Yellow）和黑（Black）四种打印色作为基础色，按照减色模式原理混合而成的。由于使用 RGB 颜色模式的图像在打印时会出现颜色偏差，而使用 CMYK 模式会使得部分 Photoshop CS 滤镜功能不能用，因此，园林效果图在绘制时一般使用 RGB 模式，而图像制作完成后，需要进行印刷的时候，则把图像颜色模式改为 CMYK 模式。

图像的模式转换可以在【图像】/【模式】菜单下完成。

（二）图像格式

图像的格式是指图像的存储格式。Photoshop CS 的存储格式很多，而且每一种存储格式都有不同的用处。

1. PSD 格式

PSD 格式是 Photoshop CS 的专用存储格式，里面可以保留图层、通道、路径、蒙板等多种操作过程记录，以便于以后对图片进行再修改，而且保存的图片清晰度很高，所以是作图过程中的最佳存储格式。

2. BMP 格式

BMP 格式是一种位图格式，颜色存储格式有 1 位、4 位、8 位、24 位，因此，文件的保真度非常高，图像可以具有极其丰富的色彩，是一种应用比较广泛的图像格式。它的缺点是不能对文件大小进行有效的压缩，文件容量大，只能单机使用，不受网络欢迎。

3. EPS 格式

EPS 格式是由 Adobe 公司开发的，多用于印刷软件和绘图程序中。在印刷排版软件中可以以较低的分辨率预览，在打印时则以较高的分辨率输出，因此被广泛地应用于印刷行业。另外，EPS 格式也可以建立起 AUTOCAD 和 Photoshop CS 软件之间的联系。

4. JPG 格式

JPG 格式支持 RGB、CMYK 及灰度等色彩模式。使用 JPG 格式保存的图像压缩比例很大，使得文件容量很小，大约在(5：1)～(15：1)之间。该格式文件兼容性很好，可以跨平台操作，所以应用范围很广，在对文件质量要求不高的情况下很实用。

5. TGA 格式

TGA 格式可以把一个图像以不同的色彩数量进行存储（32 位、24 位、16 位），而且是一种无损压缩的格式，所以在对画面质量要求较高时可以采用该格式输出。TGA 格式最大的优点是可以自动生成一个黑白图像通道，给图像选取提供了很大方便，是 3DS MAX 渲染园林效果图纸时一个比较常见的存储模式。

另外 Photoshop CS 还提供了 ＊.gif、＊.tif 等多种文件格式，用户可以根据需要选择合适的格式存储文件。除了 PSD 文件格式外，用其他的格式保存文件时，会打开一个相应的参数设置对话框，一般保持默认设置即可。

二、图像的大小和分辨率

对于效果图来说，分辨率决定了图像的精细程度，经常接触到的分辨率概念有以下几种：

（一）像素

在位图图像中，点组成线，线组成面，所以一幅位图就是由无数点组成的，组成图像的一个点就是一个像素。它是构成位图图像的最小单位。

（二）屏幕分辨率

屏幕分辨率又叫显示器分辨率，是指电脑屏幕的显示精度，是由显卡和显示器共同决定的。如屏幕分辨率为 800×600，表示显示器分成 600 行，每行 800 个像素，整个显示屏就有 480000 个显像点。屏幕分辨率越高，显示的图像质量也就越高。

（三）打印分辨率

打印分辨率代表着打印机设备打印时的精细程度，是由打印机的品质决定的。一般以打印出来的图纸上单位长度的墨点多少来反映。例如我们说某台打印机的分辨率为600dpi，则表示用该打印机输出图像时，每英寸打印纸上可以打印出 3600 个表征图像输出效果的墨点。打印分辨率越高，意味着打印的喷墨点越精细，表现在打印出的图纸上，直线更挺，斜线的锯齿也更小，色彩也更加流畅。

（四）图像的输出分辨率

图像的输出分辨率是与打印分辨率、屏幕分辨率无关的另一个概念。它与一个图像自身所包含的像素的数量（图形文件的数据尺寸）以及要求输出的图幅大小有关，一般以水平方向或垂直方向上的单位长度中像素数值来反映，单位为 ppi 或 ppc。如500ppi，65ppe 等。

举例说明：在 3DS MAX 中按照 3400 像素×2465 像素（水平方向×垂直方向）渲染得到的一幅图形文件，其数据尺寸为 3400 像素×2465 像素，如果按照 A4 图幅输出，其图像输出分辨率可达 290ppi；如果按照 A2 图幅输出，其图像输出分辨率则为 145ppi。

反过来，如果要求输出分辨率达到 150ppi 以上，图幅大小要求为 A4 时，图像文件的数据尺寸应该达到 1654 像素×1235 像素；图幅大小要求为 A2 时，图像文件的数据尺寸应达到 3526 像素×2481 像素以上。计算公式为：输出分辨率×图幅大小（宽或高）＝图像文件的数据尺寸（对应的宽或高）。

由此可见，随着输出分辨率的提高，图像文件的数据尺寸也会相应增大，给电脑中的运算和文件存储增加了负担。因此，应当选择合适的输出分辨率，而不是输出分辨率越高越好。

一般来说，打印精度为 600dpi 的喷墨打印机，图像的输出分辨率达到 100ppi 时，人眼已无法辨别精度了。打印机精度为 620dpi 或 1440dpi 时，图像的输出分辨率达到150ppi 也足够了。另一方面，图幅过大（如 A0 以上）或过小（如 B5 以下）时，由于人的观看距离的变化和人眼的视觉感受的调整，图像的输出分辨率也可相应降低。但是，对于打印精度非常高的精美印刷排版而言，一般都要求图像的输出分辨率达到300ppi 以上。

【思考与练习】

● 1. 利用网络、专业书籍等资源查看园林各种效果图的图片，熟悉 Photoshop CS 软件在园林中的应用。

● 2. 图像的模式、格式有哪些？举例说明。

● 3. 屏幕分辨率、打印分辨率和图像的输出分辨率有什么区别？举例说明。

● 4. TGA、JPG、EPS、BMP 和 PSD 格式图像有哪些区别？举例说明。

● 5. RGB、CMYK 颜色模式有什么区别？举例说明。

● 6. 打开一个图像文件，进入 Photoshop CS 工作环境，熟悉菜单栏、控制面板、工具箱、工具属性栏的位置和参数设置。

技能训练

训练任务：调整图像大小及分辨率

训练目标：掌握图像大小、分辨率及模式的设置方法。

操作提示：打开课件中项目九的"瀑布"图像文件，单击"图像"菜单，分别对图像模式、图像大小进行设置，观察效果。

项目十　Photoshop CS 基本操作

【内容提要】

　　Photoshop CS 提供了强大的选取图像、编辑处理图像以及应用图层、通道功能。通过本项目的学习，使学生能够初步掌握 Photoshop CS 在园林要素处理上的常用方法和技巧，包括各种建立选区的方法；图层、路径、常用滤镜的应用技巧，以及图像色调、色彩上的调整方法，文字的创建和编辑技巧等，为创作理想的园林效果图奠定基础。

【知识点】

　　文件的操作方法
　　选区的建立和编辑
　　图层的操作及图层控制面板的应用
　　路径的创建及路径控制面板的应用
　　常用滤镜的使用技巧
　　图像的色彩调节方法和图像细节的编辑处理
　　文字工具的应用及文字编辑方法

【技能点】

　　根据任务要求利用选框工具、套索工具、魔棒工具、色彩范围等方法建立选区
　　对已经建立的选区进行大小、位置、变形等编辑
　　灵活应用图层控制面板并设置图层投影、图层混合模式等
　　综合应用钢笔工具、画笔工具和路径控制面板绘制模纹及分析线
　　使用常用的滤镜绘制园林要素、编辑和修改图片
　　对图片做色彩上的编辑和调整

任务一 文 件 操 作

Photoshop CS 文件操作包括新建文件、打开文件、保存文件、关闭文件。

一、新建文件

新建文件的方法常用的有三种：

（一）在菜单栏下选择【文件】/【新建】命令。

（二）按住 ctrl 键，双击 Photoshop CS 操作空间的空白处，可以直接打开"新建"对话框。

（三）同时按住 ctrl＋N 键。

执行命令后，系统直接弹出"新建"对话框，如图 10-1 所示。可以通过此对话框设置文件名、宽度、高度、分辨率、颜色模式、背景颜色等属性。点击其后的小三角号 ▼ ，可以选择需要的计量单位。

如果创建的文件尺寸属于常见的尺寸，可以在"新建"对话框的"预设"下拉列表中选择相应的选项，简化操作，如图 10-2 所示。

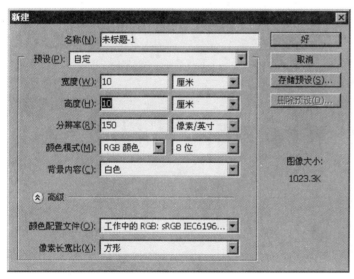

图 10-1 "新建"对话框　　　　　　图 10-2 预设"下拉列表

二、保存文件

（一）存储

保存文件的方法常用的有两种：

1. 在菜单栏下选择【文件】/【存储】命令。

2. 同时按住〈Ctrl＋S〉键。

如果是第一次保存文件，可以打开如图 10-3 所示的"存储为"对话框，按下格式后面的小三角号，会出现图片的各种格式类型，选择想要的格式即可。但以后再

图 10-3 "存储为"对话框

对该文件保存时，将不会再出现对话框，系统会以首次设置的文件名、文件格式和存储路径对图像文件进行保存。

（二）存储为

在菜单栏下选择【文件】/【存储为】命令，可以改变图像的格式、名称、路径来保存图像，并且新存储的文件会成为当前执行文件。

三、关闭文件

关闭文件的方法常用的有三种：

1. 在菜单栏下选择【文件】/【关闭】命令。注意不是【退出】命令，【退出】会关闭整个 Photoshop CS 系统。

2. 直接单击图像窗口右上角的关闭图标 ✖。注意不要点击 Photoshop CS 系统标题栏上 ✖，否则会退出 Photoshop CS 系统。

3. 同时按住〈Ctrl＋W〉组合键。

四、打开文件

打开文件的方法常用的有两种：

1. 在菜单栏下选择【文件】/【打开】命令。

2. 同时按住〈Ctrl＋O〉组合键。

执行命令后，系统直接弹出"打开"对话框，如图 10-4 所示。通过"查找范围"右边的下拉按钮可以选择要打开的文件的路径；"文件名"后面可以直接输入要打开的文件名称；单击"文件类型"后面的小三角号可以选择要打开文件的类型，以便更快捷地选择文件。

有一些用【打开】命令无法辨认的文件，如以错误格式保存的文件，可以尝试使用【打开为】命令打开。

图 10-4 "打开"对话框

任务二　建立与编辑选区

在使用 Photoshop CS 软件对图像进行绘制和修改时，需要指定区域，这便是创建选区。Photoshop CS 提供了许多创建选区的方法，下面我们将介绍常见的几种方法。

一、选框工具

（一）建立选区的方法

单击工具箱中的图标 ▦ 不放，会出现选框工具组：分别为"矩形选框工具" ▭：可以用鼠标在图层上拖出矩形选框；"椭圆选框工具" ◯：可以用鼠标在图层上拖出椭圆选框；"单行选框工具" ▄▄ 和"单列选框工具" ▐：在图层上拖出 1 像素宽（或高）的选框。

快捷键【M】可以选择 ▦ 和 ◯，重复按〈Shift＋M〉组合键可以在 ▦ 和 ◯ 工具间进行切换。

选择 ▦ 或 ◯ 工具，可以以鼠标单击处为起点，建立矩形或椭圆形选区；按下 Alt 键的同时选择 ▦ 或 ◯ 可以以鼠标单击处为中心建立矩形或椭圆选区；按 Shift 键的同时选择 ▦ 或 ◯，可以以鼠标单击处为起点，建立正方形或圆形选区；同时按下 Shift 和 Alt，选择 ▦ 或 ◯，可以以鼠标单击处为中心建立正方形或圆形选区。

（二）选框工具的属性栏

矩形选框工具属性栏如图 10-5 所示。

图 10-5　矩形选框工具的属性栏

把光标放在选项栏各项上稍作停留，就会自动显示出该项功能的简短解释。

新选区 ▦：建立新的选择区域，如果创建前图上已有选择区域，则选区自动消失。

添加到选区 ▣：建立一个新选区，如果创建前图上已有选择区域，则新旧选区合并成一个选择区域。

从选区减去 ▣：建立一个新选区，如果创建前图上已有选择区域，则从原来的旧选区减去新的选区。

与选区交叉 ▣：建立一个新选区，如果创建前图上已有选择区域，则取新旧选区相交的部分为选择区域。

羽化：可以消除选择区域的正常硬边界，使区域产生一个过渡段。其取值范围在 0 到 255 像素之间。羽化值越大，则选区的边缘越模糊，如图 10-6 所示。

消除锯齿：勾选此选项后，可以通过淡化边缘的方式来产生与背景颜色之间的过渡，从而得到边缘比较平滑的图像，如图10-7所示，此选项只能在椭圆选框中才能用。

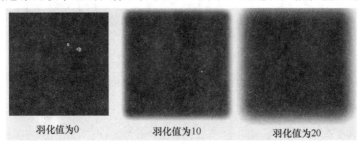

羽化值为0　　　　羽化值为10　　　　羽化值为20

图10-6　羽化值设置效果

没消除锯齿效果　消除锯齿效果

图10-7　消除锯齿选项
设置效果

样式：

"正常"：可任意选出一个区域；

"固定长宽比"：可根据事先确定的宽度和高度比例选定一个区域；

"固定大小"：选择此项可以根据需要设置固定的宽度和高度，在绘图区只需单击鼠标就能得到大小一定的选择框。

椭圆形选框工具属性栏与矩形选框工具属性栏相似。

二、套索工具

单击工具箱中的"套索工具"按钮 🔍 不放，会出现套索工具组，包括套索工具、多边形套索工具 🔽 和磁性套索工具 🔽 。

套索工具的快捷键是〈L〉，重复按〈Shift＋L〉组合键可以在套索工具、多边形套索工具和磁性套索工具之间进行切换。

（一）"套索工具"

多用于选择不规则图形。单击并拖动鼠标，返回到起始点时松开鼠标，会获得一个由光标所经过路线围成的封闭选区。

（二）"多边形套索工具"

选择"多边形套索工具" 🔽 ，在绘图区单击鼠标左键，沿着想要选择的区域点击左键，直到回到顶点，这时会创建一个由刚才描点所围合成的多边形选区。

（三）"磁性套索工具"

是一种具有识别边缘功能的套索工具。选择 🔽 后，在绘图区单击左键，并沿图像的边缘移动光标，光标会利用图像边缘相近的颜色自动选取选区边框，特别适合颜色对比比较大且边缘比较复杂的图片。磁性套索工具属性栏多出了几个选项，如图10-8所示。

图10-8　磁性套索工具属性栏

"宽度"：指检测图像边缘时的检测宽度，该工具只检测从光标开始到设置范围内的边缘，宽度值越大，越方便定位图像的选取范围，选取的图像越精细。

"边对比度"：指图像边缘颜色的对比度，对比度越高，选取的图像就越精细。

"频率"：使用磁性套索时节点的密度，频率越高、节点越密，图像的选区也就越精细。

三、魔棒工具

单击工具箱中的"魔棒工具" ，快捷键是〈W〉，在图像中选择一处单击鼠标左键，就可以创建与单击处颜色相同或相近的区域作为选区，颜色的范围可以在属性栏【容差】中设置，如图 10-9 所示。

图 10-9 魔棒工具属性栏

"容差"：选取图像颜色差别的限制数据。可输入 0~255 的数字，输入的数字越大，可选取的区域范围越广。

"消除锯齿"：可以消除所选取的选框的锯齿。

"连续的"：选中后只能选取图像中与单击点相连接的相似颜色区域，设置效果如图 10-10所示。

(a)　　　　　　　　(b)　　　　　　　　(c)

图 10-10 魔棒工具属性设置效果

图 10-10 中（a）图为原图，选择"魔棒工具" ，勾选"连续的"，在图中白色的区域点选，再执行【选择】/【反选】命令，将选中的区域拖动到新文件中，得到（b）图，我们可以看到树木周围的白色背景都被去掉了，但树木中心与外围连接的部分白色背景没有去掉。去掉"连续的"，同样执行上述步骤，得到（c）图，树木中心的白色背景也同样去掉了。

"用于所有图层"：选中后将使用于所有可见图层，否则只能在当前图层中应用。

四、色彩范围

执行【选择】/【色彩范围】命令，弹出如图 10-11 所示的对话框。（a）为选择范围模式下的色彩范围对话框，（b）为图像模式下的对话框。按下〈Ctrl〉键可在两种模式下互相切换。

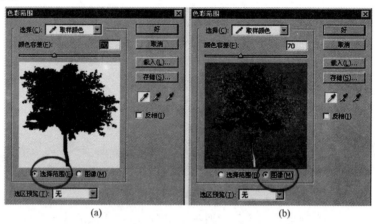

图 10-11　色彩范围对话框

"选择"右侧的黑三角形 ▾ ：单击可在弹出的下拉菜单内选择一种选取颜色范围的方式。

"取样颜色"：可以用吸管在图像窗口或颜色范围预览窗口中进行颜色的取样。

"颜色容差"：通过滑杆可以调整颜色选取范围，值越大，所包含的近似颜色越多，选取的范围越大。"颜色容差"可以配合"取样颜色"进行设置，

"吸管工具" ✐ ：只能进行一次颜色的吸取，当进行第二次颜色吸取时，第一次确定的颜色选区将被取消。

"添加到取样" ✐ ：表示在图像中可以进行多处选取，增加选取范围。

"从取样中减去" ✐ ：表示在已有的选择范围内，通过颜色去掉多选的区域。

"反相"复选框：可以在选取范围与非选取范围之间切换。功能与【选择】/【反向】命令相似。

"载入"与"存储"按钮：可以用来载入和保存"色彩范围"对话框中的设定。

五、加载图层选区

这是一种基于图层选择选区的方法。打开图层面板，将要选择的图像所在图层设为当前工作图层（图层较多时，可在移动命令 ⊕ 下，在所选图像上单击鼠标右键，则在下拉菜单的最上面图层即为所选图像图层），按住〈Ctrl〉键，用鼠标单击该图层，则该图层有像素的范围全部选中并创建为选区加载到绘图区。

六、选区的编辑

（一）变换选区

对图像进行选取以后，还可以通过【选择】/【变换选区】命令来调整选择区域。

执行该命令后，选择区域的边框会出现八个节点，如图 10-12（a）所示，利用这些节点，可以对选择区域进行移动、旋转、放大、缩小和变形等操作。

移动：将光标放在边框内，当光标以黑箭头的形式出现时，拖动鼠标即可移动选区。

放大缩小：将光标放在边框上的节点处，当鼠标变成相对的双向箭头时 ↗，拖动鼠标可实现选区的放大缩小操作。

旋转：光标放在框外，当光标变为弯曲的双向箭头时 ↰，拖动鼠标即可实现选区旋转。

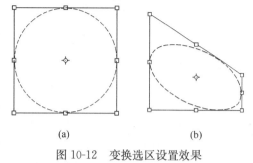

图 10-12　变换选区设置效果

变形：光标放于边框内右击，在出现的快捷菜单中选择其中一项，拖动边框上的节点，可实现选区的变形操作，如图 10-12（b）所示。

（二）修改选区

主要是用来修改已经编辑好的选择区域。

羽化：在处理图像时，有时需要将一些元素进行羽化处理，例如近实远虚的草地和树木的枝叶在草地上的投影等，需要按快捷键〈Alt＋Ctrl＋D〉。

边界：在原有选择区域的基础上，用一个包围选择区域的边框来代替原选择区域，但只能对边框区进行修改。

平滑：使选择区域范围达到一种连续而且平滑的选取效果，通过在选取区域边缘上增加或减少像素来改变边缘的粗糙程度。

扩展：可以将当前选择区域向外扩展。

收缩：与扩展命令的功能相反，使用该命令可以将当前选择区域向内收缩。

创建选区后，若要扩展选区，将包含具有相似颜色的区域扩展进来，可以使用"选择"菜单中的"扩大选取"或"选取相似"命令。

"扩大选取"：利用该命令可以将原有的选择区域向外扩大。

"选取相似"：使用该命令同样可以将选择区域扩展。此命令所扩展的范围与"扩展"命令不同，它是将图像中相互不连续但色彩相近的像素一起扩充到选择区域内，并不仅仅是相邻区域。

"扩大选取"和"选取相似"命令颜色的近似程度是由"魔棒工具"选项中的容差值所决定的。

（三）选区的存储和载入

对于一些比较精细，并且在以后的操作中可能还会应用到的选择区域，可以把选区存储起来，用时再用"载入选区"命令加载到绘图区。

"存储选区"：选区创建完成后，执行【选择】/【存储选区】命令，即可完成选区存储任务。

"载入选区"：当我们保存完选择区域后需要使用选区时，可以通过【选择】/【载入选区】命令来载入选择区域。

（四）选区的取消和隐藏

"取消选区"：选区使用完毕后，要取消选区可以使用快捷键〈Ctrl＋D〉。

"隐藏选区"：快捷键〈Ctrl＋H〉可以将选择区域出现的蚂蚁线隐藏，再次按〈Ctrl＋H〉，则被隐藏的蚂蚁线又会出现。值得注意的是〈Ctrl＋H〉只是将选区隐藏了，选区并没有消失，若要取消选区，则需要按〈Ctrl＋D〉键。

任务三　应用 Photoshop CS 图层

在 Photoshop CS 中，我们可以将图层看成是没有厚度透明的纸，在绘制图纸的过程中，将不同的绘制内容绘制在不同的纸上（图层上），就可以对绘制内容进行单独的调节，从而使整体图像更完美。在绘制园林效果图时，图层操作是必不可少的。

一、图层控制面板

执行【窗口】/【图层】命令，就可以将图层控制面板调出，如图 10-13 所示。也

图 10-13　图层控制面板

可以按〈F7〉键完成图层面板的显示和隐藏操作。通过图层控制面板可以完成很多图层操作。

（一）创建新图层

1. 执行【图层】/【新建】/【图层】命令，弹出如图 10-14所示的"新图层"对话框。

在对话框中可以给图层取名，以及设置其他特性。然后单击【确定】按钮。

2. 单击"图层控制面板"的"创建新图层"按钮 ，可以建立一个新的图层。

3. 使用快捷键：〈Shift＋Ctrl＋N〉或〈Shift＋Ctrl＋Alt＋N〉。

（二）复制图层

1. 在"图层"面板中单击要复制的图层图标不放，拖到"创建新建图层"按钮 上，则在原图层图标上新增加副本图层。

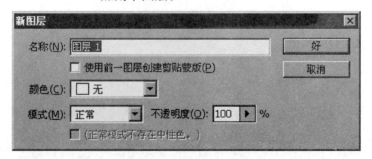

图 10-14　"新图层"对话框

2. 在"图层"面板上选取图层图标后，点击鼠标右键，在弹出的快捷菜单上选取"复制图层"命令。

3. 执行【图层】/【复制图层】命令。

4. 使用快捷键：〈Ctrl＋J〉。

（三）删除图层

1. 在"图层面板"上单击要删除的图层图标不放，拖到"删除图层"按钮 🗑 后放开，图层消失。

2. 在【图层】调板上选取图层图标后右击鼠标，在弹出的快捷菜单上选取【删除图层】命令。

3. 执行【图层】/【删除】/【图层】命令。

（四）调整图层顺序

图层的顺序是有规则的，上层的图像覆盖下层的图像，可以通过调整图层顺序来改变图像的显示顺序。将光标放在要调整的图层标签上，拖动该标签到目标图层的上方放开即可。也可以使用快捷键：将当前层下移一层〈Ctrl〉＋〈［〉；将当前层上移一层〈Ctrl〉＋〈］〉；将当前层移到最下面〈Ctrl〉＋〈Shift〉＋〈［〉；将当前层移到最上面〈Ctrl〉＋〈Shift〉＋〈］〉。

（五）显示图层可见性

单击显示图层图标 👁 ，可以隐藏该图层，再次单击可以重新显示。

（六）链接图层

通过图层链接操作，可以将多个图层链接成一组，从而让用户可以同时对多个链接在一起的图层进行移动等编辑操作。操作的方法是在图层控制面板中选中任意一个需要链接的图层，在其余需要链接的图层的左侧单击，会出现链接图标 🔗 ，表示当前图层与带有 🔗 图标的图层已经链接在一起了，再次单击图标 🔗 ，即可取消链接。

（七）图层的合并操作

合并图层是将几个图层合并为一个图层，合并图层可以减少 Photoshop CS 文件所占用的内存，合并后的图层不能再分，因此只有确定了这些图层不再需要进行分层编辑时才能进行合并图层的操作。

1. "向下合并"：单击菜单中【图层】/【向下合并】命令，可以把正在显示的下面一个图层合并到一起，或者按〈Ctrl＋E〉键，完成合并。

2. "合并可见图层"：单击菜单中【图层】/【合并可见图层】命令，或者按〈Ctrl＋Shift＋E〉键，可以把所有正在显示的图层合并到一起。

3. "拼合图像"：单击菜单中【图层】/【拼合图像】命令，完成所有图层拼合。

4. "合并链接图层"：将需要合并的图层执行链接操作，单击菜单中【图层】/【合并链接图层】命令，即可完成图层拼合操作。

以上操作也可以单击【图层】调板右边按钮 ▶ ，在弹出的下拉菜单中选择对应命令进行图层的合并，如图 10-15 所示。

图 10-15　图层操作选项

二、图层混合模式

当两个图层重叠时，通常图层混合模式默认状态为【正常】。同时 Photoshop CS 也提供了多种不同的色彩混合模式，适当的混合模式会使图像得到意想不到的效果。

使用混合模式得到的结果与图层的明暗色彩有直接关系，因此进行模式的选择，必须根据图层的自身特性灵活应用。在【图层】调板左上侧，单击 正常 横条右侧的按钮，在下拉菜单中可以选择各种图层混合模式。

三、图层的样式和效果

图层样式是在图层上添加图层效果的集合。单击菜单【图层】/【图层样式】/【混合选项】，或双击图层调板中某图层，可弹出"图层样式"对话框，如图 10-16 所示。

图层效果主要用在园林平面效果图的绘制中，用于表现园林构筑物、建筑物或植物等的高度、厚度等特性。图层的效果或图层样式是添加在整个图层内容上的，是不能通过选区来进行的。

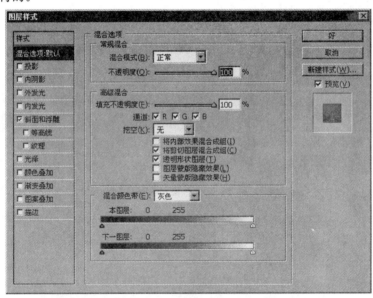

图 10-16　"图层样式"对话框

为某图层添加了各种图层效果后，这些效果就组成了图层样式，图层标签的右边会显示 图案。如果对图层样式不满意，可以通过双击 图案，打开"图层样式"对话框，该图层所添加的所有效果都被勾选，要对哪种效果进行修改，可以重新进入该效果设置框，修改效果参数。

按住〈Alt〉键，在图层调板中拖动 A 图层下面的效果到 B 图层，可以将 A 图层的全部效果复制应用到 B 层。如果将图层效果拖动到图层调板底部的"删除图层"按钮上，该图层样式就会被删除。

双击图层标签的 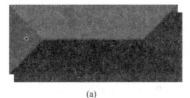 图案，在打开的"图层样式"对话框上，单击"新建样式"按钮，给图层样式取名后，单击"确定"，该图层样式就被存储在"样式"调板中了。要应用存储的图层样式，可以先打开"样式"面板，然后选择要应用样式的图层为当前图层，在样式面板中找到存储的样式图标，单击该样式即可。

四、图层转换

在 Photoshop CS 中，图层有背景图层、普通图层之分，一张图像文件只能有一个背景图层，但可以有多个普通图层。普通图层和背景图层之间可以根据需要进行转换。

（一）背景图层转换为普通图层

有时候需要对背景图层执行调整其不透明度或移动旋转等编辑操作时，要将背景图层转换为普通图层。执行菜单【图层】/【新建】/【背景图层】命令，或是在图层调板中双击背景图层，可以调出"新图层"对话框，在对话框中设定层名称、层显示颜色、混合模式和不透明度，最后按下【确定】按钮，即可将背景层转换为普通图层。

（二）普通图层转换为背景图层

如果要将普通图层转换为背景图层（在图像中没有背景的前提下），可以选取想要转换为背景的图层，然后执行菜单【图层】/【新建】/【背景图层】命令，该图层将转换为图像最下方的背景层。

五、实例操作

（一）绘制如图 10-17 所示的建筑平面

1. 新建一个 800×400 像素的文件。

2. 新建图层 1，用矩形选框创建建筑外轮廓选区，设置前景色为红色，按〈Alt＋Delete〉组合键，用前景色填充选区。

3. 选择图层 1，双击该图层，在弹出的"图层样式"对话框中勾

(a)   (b)

图 10-17 建筑平面处理效果

选"斜面和浮雕"、"投影"选项，并单击这两项进入子对话框进行参数设置。（"斜面和浮雕"子菜单参数设置如图 10-18 所示，参数 A 产生图 10-17(a)效果，B 产生图 10-17(b)效果。）

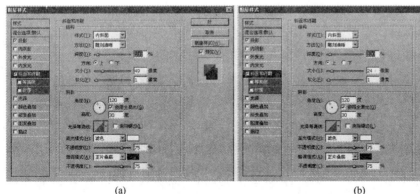

(a)   (b)

图 10-18 图层样式对话框

4．设置完成后按"确定"结束。

（二）绘制如图 10-20 所示园林六角亭平面

1．新建一个 800×800 像素的文件。

2．新建图层 1，在工具箱中选择多边形工具 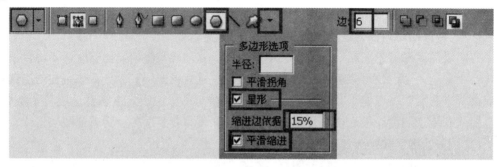，设置参数如图 10-19 所示。将绘出的多边形形状转换为选区，设置前景色为红色，按〈Alt＋Delete〉组合键，用前景色填充选区。

图 10-19　多边形工具选项设置

3．选择图层 1，双击该图层，在弹出的"图层样式"对话框中勾选"斜面和浮雕"、"投影"选项，并单击这两项进入子对话框进行参数设置。

"斜面和浮雕"参数：（方法：雕刻清晰；大小：适当；角度：150；高度：35）

"投影"参数：（不透明度：55％；距离：适当；角度：150）

4．新建图层 2，在工具箱中选择椭圆选框工具，按〈Shift＋Alt〉组合键从亭的中心拖动一个大小适当的圆形选区，将前景色设为黄色，在图层 2 中填充选区，设置"投影"图层效果，并调整合适的参数。

5．设置完成后按"确定"结束，效果如图 10-20 所示。

图 10-20　园林六角亭平面效果图

任务四　应用路径工具

在 Photoshop CS 中，路径的应用是非常广泛的。例如一些非常精细的内容用创建选区的方法无法实现，而利用路径工具则非常简单。路径通常使用钢笔工具或形状工具来创建，在园林彩色平面图纸的绘制中，园路、模纹图案等内容都需要使用路径工具。

路径的基本组成元素主要包括锚点、直线段、曲线段、方向线和方向点等，如图 10-21所示。

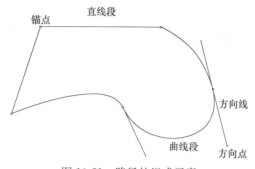

图 10-21　路径的组成元素

一、钢笔工具

单击工具箱中的"钢笔工具"按钮 ◊ 不放，出现路径工具组，如图 10-22 所示，快捷键为【P】。

"钢笔工具" ◊ ：选择该按钮，在工作区中单击鼠标左键，出现一个节点，也就是路径的起点；再在工作区的另一个位置单击左键，创建另一个节点，两节点之间即可创建一条路径；重复以上步骤，可绘制其他节点；如果想让路径闭合，只需在路径的起点上单击鼠标左键。

图 10-22　路径工具组

在使用钢笔工具的时候，如果在单击节点之后鼠标不松开，拖动节点，便可出现一根控制柄，可以通过调整控制柄来改变路径的形状。

"自由钢笔工具" ◊ ：选择该按钮，在工作区中单击鼠标左键并按住鼠标左键不放开，拖动鼠标直到结束，释放鼠标后便可绘制出一段以鼠标第一次按下的位置为起点，以鼠标最后放开的位置为终点的路径。如果鼠标移动到路径的起点再释放左键，便会得到一段封闭的路径。

"添加锚点工具" ◊ ：在当前路径上增加节点，从而可对该节点所在线段进行曲线调整。

"删除锚点工具" ◊ ：在当前路径上删除节点，从而将该节点两侧的线段拉直。

"转换点工具" ▶ ：可将曲线节点转换为直线节点，或相反。

二、路径选择工具

"路径选择工具" ▶ ：选定路径或调整节点位置。

"直接选择工具" ▶ ：可以用来移动路径中的节点和线段，也可以调整方向线和方向点。

快捷键为【A】。

三、钢笔工具属性栏

选择"钢笔工具"后，可以看到如图 10-23 所示的钢笔工具属性栏。

绘图选项：分两种模式，选择"形状图层" ☐ 模式时，用钢笔工具绘制的路径轮廓被前景色填充其间，同时还会在图层面板中创建一个形状图层，如图 10-24（a）所示。而选择"路径"  模式时，用钢笔工具仅绘制路径，如图 10-24（b）所示。

图 10-23　钢笔工具属性栏

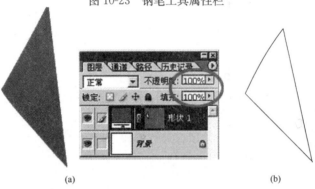

(a)　　　　　　　　　　　　　　　　(b)

图 10-24　钢笔工具绘图选项

工具切换选项：在钢笔工具和其他形状工具间切换。

几何选项：对于钢笔工具，该按钮只有"橡皮带"选项，勾选后可以让你看到下一个将要定义的锚点所形成的路径，这样在绘制的过程中会感觉比较直观。

自动添加/删除：勾选此项，在绘制路径的过程中，单击已绘出的路径段，可以添加一个锚点，单击原有的锚点可以将其删除。如果未勾选此项，可以通过鼠标右击路径段上的任何位置，在弹出的菜单中选择添加锚点或右击原有的锚点，在弹出的菜单中选择删除锚点来达到同样的目的。

路径区域选项：确定新创建的路径区域与原有的路径区域间的交叉关系，与"选择命令"的涵义差不多。

四、路径调板

可以通过单击【窗口】/【路径】项，将"路径调板"调出来，如图 10-25 所示。

利用"路径调板"可执行所有涉及路径的操作。例如将当前选择区域转换为路径、

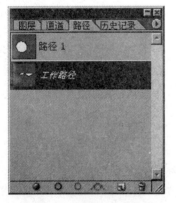

将路径转换为选择范围、删除路径和创建新路径等。

路径和工作路径：使用钢笔工具绘制路径，这些路径会直接出现在路径调板的"工作路径"中。"工作路径"是一种临时路径，可以正常使用但不能被保存。拖动"工作路径"标签到路径调板底部的"创建新路径"按钮 ■ 上，释放鼠标，则"工作路径"就会转化为正式路径。也可以先新建路径，再在保持该路径标签为当前路径的情况下使用钢笔工具绘制路径。

显示和隐藏路径：单击路径调板的某路径标签，该路径就会在绘图区内显示出来；在路径调板的空白处单

图 10-25　路径调板

击，路径将会被隐藏。

路径调板的最下面一行列出了常用的路径操作，从左到右依次是：

"用前景色填充路径"按钮 ⬤ ：单击该按钮将以前景色填充路径所包围的区域。

"用画笔描边路径"按钮 ⭕ ：单击该按钮将以当前的前景色设置，进行描边。

"将路径作为选区载入"按钮 ⭕ ：单击该按钮可将当前选中的路径转换为选择区域。

"将选择区生成工作路径"按钮 ⬥ ：单击该按钮可将当前选择区域转换为路径。

"创建新路径"按钮 ▣ ：每次要创建新路径时，均需按该按钮。

"删除当前路径"按钮 🗑 ：单击该按钮可删除当前选中的路径。

五、实例操作

（一）绘制模纹

新建一个"psd"图像文件，单击工具箱中的"钢笔工具"按钮（或按快捷键〈P〉）。然后利用钢笔工具画出一个三角区域，如图 10-26（a）所示。然后，使用添加锚点工具 ✒ ，在三角形的三条边的合适位置添加锚点，再用鼠标分别拖动锚点。将模纹的外轮廓画出来。如图 10-26（b）所示。

1. 打开"路径调板"，单击下部的"将路径作为选区载入"按钮，路径变为选区。

2. 在"图层调板"上新建"模纹"图层。调整前景色为红色，并填充到选区中。如图 10-26（c）所示。

3. 使用【滤镜】/【纹理】/【纹理化】命令，在弹出的"纹理化"对话框中选择"砂岩"，为刚才绘制的模纹添加纹理滤镜效果。如图 10-26（d）所示。

4. 对绘制的模纹做【投影】效果。如图 10-26（e）所示。

5. 用同样的方法绘制其他模纹图案，结果如图 10-26（f）所示。

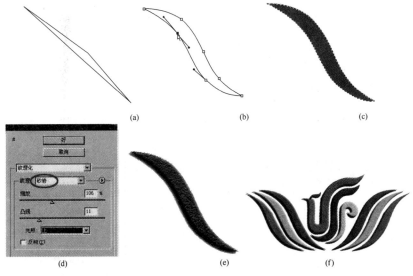

图 10-26　钢笔工具绘制模纹图案

(二) 绘制分析线

1. 新建一个 800×800 像素，分辨率为 150 的文件。

2. 在空白处创建一个 20×8 的矩形选区（单击矩形选框工具，在其选项栏的"样式"中选择"固定大小"，再输入长、宽值即可），新建一个图层，设置前景色为红色，用前景色填充刚才的矩形选框。再在矩形选框左侧的合适位置创建一个 8×8 的圆形选区，填充前景色。如图 10-27（a）所示。

(a)　　　　　　　　　　　　　　(b)

图 10-27　定义画笔

3. 用矩形选框将刚才创建的矩形和圆形选中，如图 10-27（b）所示。使用【编辑】/【定义画笔预设】命令，将其定义为画笔，取消选区。

4. 新建一个图层，同时按住〈Shift＋Alt〉组合键，在空白处新建一个圆形选区，在"路径调板"上单击"将选择区生成工作路径"按钮，将刚才的圆形选区转换成圆形路径。

5. 单击画笔工具，设置笔尖为刚才定义的画笔，单击画笔选项栏右部的"切换画笔调板"按钮，打开画笔调板，将笔尖的直径设为 20，间距设为 500%，"动态形状"面板中的角度抖动设置为"方向"，如图 10-28 所示。

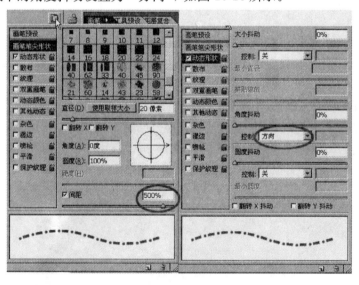

图 10-28　画笔设置

6. 设置前景色为红色，单击"用画笔描边路径"按钮，在路径调板的空白处单击隐藏路径，绘制的效果如图 10-29 所示。

7. 用同样的方法绘制如图 10-30 所示的弧形分析线。

图 10-29　圆形分析线绘制效果

图 10-30　弧形分析线绘制效果

任务五　应用滤镜工具创建特殊效果

滤镜是 Photoshop CS 中处理图像时最为常用的一种手段，包括 Photoshop CS 自带的内置滤镜和外部安装的外置滤镜。滤镜一般应用于当前图层或当前图层的选区内，许多滤镜对透明区域是无效的。

一、切变

切变滤镜是对当前图层选区内的图像进行水平方向的扭曲。

打开课件中项目十的图"油松．psd"，在当前图层中选取图 10-31（a）中的树干，单击【滤镜】/【扭曲】/【切变】，在弹出的对话框中设置控制点，如图 10-31（b）、图 10-31（c）所示。调节完毕后单击"确定"，结果如图 10-31（d）所示。

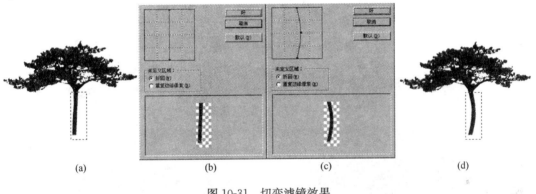

(a)　　　　　　(b)　　　　　　(c)　　　　　　(d)

图 10-31　切变滤镜效果

二、波纹

波纹滤镜是对当前图层选区内的图像创建波状起伏的图案效果，一般用于模拟水中倒影。

打开课件中项目十的图"波纹场景．psd"，复制树木 1 图层中的树木，单击【编辑】/【变换】/【垂直翻转】，执行"Ctrl＋T"命令将垂直翻转后的树木缩放到合适大小并移动到合适位置，如图 10-32（a）所示。

保证新复制的树木图层为当前图层，单击【滤镜】/【扭曲】/【波纹】，在弹出的对话框中设置合适参数，如图 10-32（b）所示。单击"好"，结果见图 10-32（c）。

设置羽化半径为 20，用多边形套索工具选择树木湖岸以上的部分，将其删除。取消选区，将图层的整体不透明度降低至合适数值。同样方法做出树木 2 在水中的倒影，效果如图 10-32（d）所示。

三、动感模糊

"动感模糊"滤镜在效果图中常用来表现运动的物体或流水中模糊的倒影。

打开本书课件项目十的图"波纹场景最终．psd"，将"树木 1 倒影"图层设为当前图层，单击【滤镜】/【模糊】/【动感模糊】，在弹出的如图 10-33（a）所示的"动感模糊"对话框中，适当调整"角度"和"距离"的值，然后单击"确定"即可。同样方法做"树木 2 倒影"的动感模糊，最终效果如图 10-33（b）所示。

（a）　　　　　　　　　　　（b）　　　　　　　　（c）　　　　　　　（d）

图 10-32　波纹滤镜效果

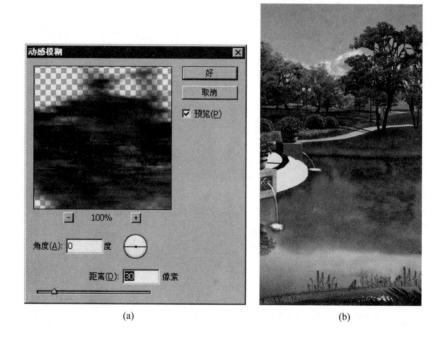

（a）　　　　　　　　　　　　　　　（b）

图 10-33　动感模糊滤镜效果

四、添加杂色

添加杂色命令一般用于表现草地、水刷石等的纹理效果。

创建一个矩形选区，点击工具栏上的渐变工具 ，在工具属性栏上单击 ，在弹出的对话框中设置渐变色为从绿色到白色，如图 10-34（a）所示，点击"好"，在刚才创建的矩形选区中做渐变填充，效果如图 10-34（b）所示。再单击【滤镜】/【杂色】/【填充杂色】，弹出"添加杂色"对话框，如图 10-34（c）所示，选择"高斯分布"，通过调节"数量"滑块来控制效果的强度，单击"好"，效果如图 10-34（d）所示。

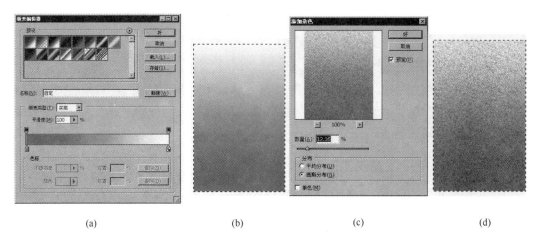

(a)	(b)	(c)	(d)

图 10-34　添加杂色滤镜效果

五、纹理化

"纹理化"滤镜常用来表现彩色平面图中的绿篱和模纹效果。详见任务四路径工具中的模纹绘制。

任务六　修 饰 处 理 图 像

一、加深和减淡工具

加深和减淡工具用来表现图像局部变亮（减淡）和变暗（加深）的效果。如草坪起伏、水面或建筑的受光面和背光面等。

打开课件中项目十的图片"树池.psd"。如图 10-35（a）所示，将"树池"图层作为当前图层，选择工具条上的加深工具 ，在图片上的背光部分涂抹；再选择减淡工具 ，快捷键为〈O〉，在图像的受光部分涂抹，以增加图像的光感层次，使画面的色彩感更强。如图 10-35（b）所示。

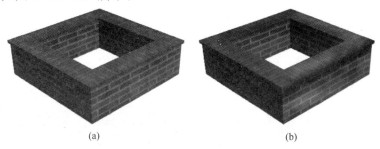

(a)	(b)

图 10-35　加深减淡工具效果

二、图像的色彩调节

图像色彩对于园林效果图来说很重要，色彩可以烘托出效果图所要表现的环境和画面的意境。配景素材和效果图都需要使用色彩调整工具进行画面调整。在

Photoshop CS中调整色彩的方式有两种：一种是"图像"菜单里"调整"子菜单中的命令，这种命令作用于当前图层或当前图层的选区中的图像，会永久改变图像色彩；另一种是图层调整面板下部"创建新的填充或调整图层"按钮 下的一些命令，这些命令在当前图层的上方创建一个相应的调整图层，对该调整图层下面的所有图层同时进行色彩调整。调整图层在不改变其他图层图像像素的情况下进行色彩调节，两种方法在调整参数的设置上是一样的。

（一）色阶和自动色阶

色阶：色阶工具可调节图像中暗部、中间调和亮部的分布。可对建筑和配景的色彩进行调节。色阶可以很好地掌握画面的明暗度比例问题，而不是使画面整体变亮或者整体变暗。但是画面会因为色阶的改变而有所损失。

打开课件项目十的"色彩调节.jpg"文件，如图10-36所示。

图 10-36　原效果图

单击选择【图像】/【调整】/【色阶】，进入"色阶对话框"，其中【输入色阶】对应的3个滑块分别代表暗部、中间调、亮部的分布情况。

1. 图像中间调的调节

当中间调滑块左移或右移时，画面中的中间调偏向于暗调或亮调。

将中间滑块向左移动，如图10-37（a）所示，结果画面亮部增加，图像中的细部结构更加清晰，使画面更加丰富。结果如图10-37（b）所示。

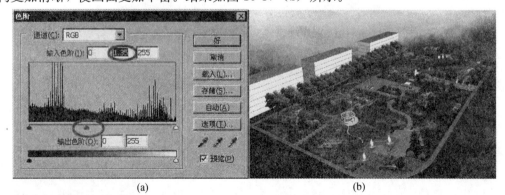

(a)　　　　　　　　　　　　　　(b)

图 10-37　中间滑块左移效果

将滑块向右移动，如图 10-38（a）所示，会使画面暗部增加，细节减少，整体色调变暗。这种方法适合调整画面过于纷乱的效果图，结果如图 10-38（b）所示。

(a)　　　　　　　　　　　　　(b)

图 10-38　中间滑块右移效果

2. 图像暗调的调节

如图 10-39(a)所示，当暗调滑块右移时，图像的暗部增加，效果如图 10-39(b)所示。

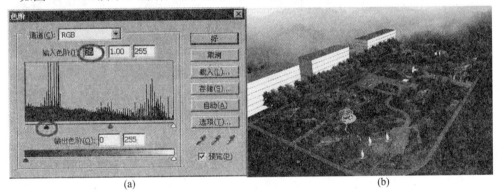

(a)　　　　　　　　　　　　　(b)

图 10-39　调整暗调的效果

3. 图像亮部的调节

如图 10-40（a）所示，当亮部滑块左移时，图像高光部分明显增多，画面亮度增大，可以看清楚每一个细节，有一种阳光充足的效果，结果如图 10-40（b）所示。

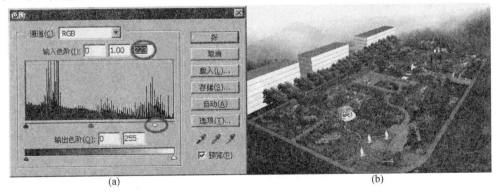

(a)　　　　　　　　　　　　　(b)

图 10-40　调整亮部的效果

自动色阶：在有些图像颜色强度失真的情况下，色阶表会出现断档，一般是在两端断档，可以通过自动色阶功能把缺少的这部分颜色补充上。因为色阶的调整都是减少色彩信息的，只有自动色阶会增加色彩信息，所以这个功能在一定程度上很有用。

（二）曲线

曲线调整命令通过调整输入和输出色阶形成的曲线来调整图像，曲线的水平方向表示输入色阶，竖直方向表示输出色阶，初始曲线为一条斜线，表示输入和输出的色阶相同。曲线的左下角表示暗调，中间部分表示中间调，右上角部分表示高光部分，如图 10-41（a）所示。

1. 单击【图像】/【调整】/【曲线】，在打开的"曲线"对话框中的曲线上单击，确定一节点，然后移动该节点调整曲线的弯曲度。经过调节，图像的亮部层次丰富，暗部层次变化不多，整体画面趋亮，如图 10-41（b）所示。

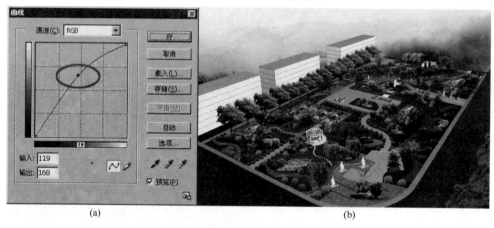

(a)   (b)

图 10-41　调整曲线后整体画面偏亮

2. 当曲线按如图 10-42（a）所示调整后，图像趋于暗调压缩，图像细节增加，暗部层次增加，整体画面变暗，如图 10-42（b）所示。

3. 曲线上也可以增加多个节点，对图像进行更具体的修改。如图 10-43（a）所示。调整后图像明暗层次拉开，画面的透视感更加强烈，可以用来修改层次效果较少的图像。结果无论是亮部还是暗部的层次，都会变得丰富，如图 10-43（b）所示。

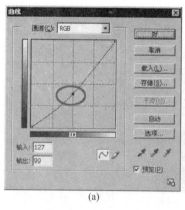 

(a)   (b)

图 10-42　调整曲线后整体画面偏暗

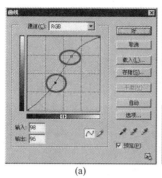

(a)　　　　　　　　　　　(b)

图 10-43　调整曲线后整体画面更丰富

4. 当曲线按如图 10-44(a)所示调整后，整体层次感降低，全图偏灰，细节也相对减少，通过这种方法可以调节明暗对比过于强烈、层次过渡不自然的效果图，如图 10-44(b)所示。

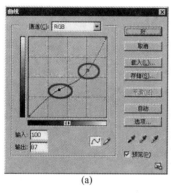
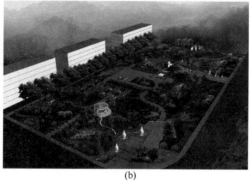

(a)　　　　　　　　　　　(b)

图 10-44　调整曲线后整体画面层次感降低

（三）色彩平衡

色彩平衡是通过更改图像中不同色调的强度来调整图像总体颜色混合的结果，可以很容易地表现效果图所需要表达的意境。在使用色彩平衡的时候，一定要把握好图像的冷暖关系。

1. 选择【图像】/【调整】/【色彩平衡】，在打开的"色彩平衡"对话框中，按如图 10-45（a）所示进行调整。从调整后的图像中可以看出，整体色调变暖，如图 10-45（b）所示。

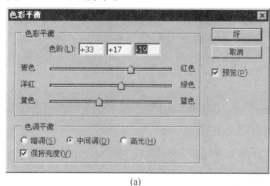

(a)　　　　　　　　　　　(b)

图 10-45　色彩平衡偏向暖色调调整后效果

2. 按如图 10-46(a)所示进行调整，则调整后的图像整体色调变冷，如图 10-46(b)所示。

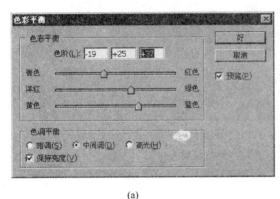

(a)　　　　　　　　　　　　　(b)

图 10-46　色彩平衡偏向冷色调调整后效果

（四）亮度/对比度

"亮度/对比度"会对图像中的每个像素进行相同程度的调整，而不是分暗调、中间调和高光分别调整，是一种比较简单、直观的调整方式，应谨慎应用。

选择【图像】/【调整】/【亮度/对比度】，在打开的"亮度/对比度"对话框中，调整亮度、对比度参数，如图 10-47（a）所示，调整后效果如图 10-47（b）所示。

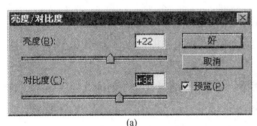

(a)　　　　　　　　　　　　　(b)

图 10-47　亮度/对比度调整后效果

要达到理想的画面效果，需要运用多个工具共同完成。这些工具的用法非常灵活，需要多练习掌握这些工具的各种用法。

（五）色相/饱和度

色相/饱和度可以对图像的全部颜色进行调整，也可以对某种颜色单独分别进行调整。调整色相会使图像中的颜色根据修改值进行相应的改动。调整饱和度可以调整色彩浓度，饱和度越高色彩越鲜艳，使其更富有感染力。饱和度越低，色彩越单一，使画面更精致、真实。图 10-48 为园林树木调整后效果。

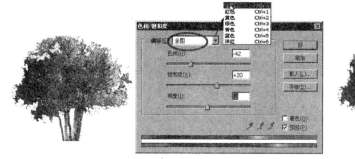

图 10-48 色相调整后效果

任务七 处理文字

文字工具是 Photoshop CS 对文字进行创建和编辑的工具（快捷键是〈T〉）。

单击工具箱中的"横排文字工具" T 不放，出现文字工具组。可以选择"横排文字工具"或"直排文字工具"进行横向或者竖向的文字输入。

选择"横排文字工具" T，在绘图区中单击鼠标左键，会出现一个闪动的光标，便可以在光标之后输入文字、拼音或者数字等。在文件的上方出现如图 10-49 所示的文字工具属性栏，可以调整文字样式等属性。

图 10-49 文字属性工具栏

一、创建变形文本

单击文字 T 工具，创建"园林平面效果图"文本，在文字属性工具栏上单击"创建变形文本"按钮，在出现的"变形文字"对话框中改变设置参数，如图 10-50（a）所示，效果如图 10-50（b）所示。

(a)   (b)

图 10-50 文字变形效果

二、切换文字字符与段落

单击文字 **T** 工具，创建"平面效果"文本，如图 10-51（a）所示，在文字属性工具栏上单击"切换字符与段落调板"按钮 ，在出现的"字符段落"对话框中设置"字符"参数，如图 10-51（b）所示，设置后效果如图 10-51（c）；设置"段落"参数，如图 10-51（d）所示，设置后效果如图 10-51（e）所示 。

| (a) | (b) | (c) | (d) | (e) |

图 10-51 文件字符与段落调整效果

三、创建文字模纹图案

单击文字 **T** 工具，创建"欢迎"文本，修改文字的大小［图 10-52（a）］；创建的文字笔画太细了，不便于制作模纹图案。在"欢迎"文本图层单击鼠标右键，在弹出的菜单中选择"栅格化图层"。用矩形选框工具选择文字后，单击【滤镜】/【其他】/【最小值】，在出现的"最小值"对话框中，设置"半径"值为"2"［如图 10-52（b）所示］，效果如图 10-52（c）所示；然后对该文字做"纹理化"滤镜处理，并添加"斜面和浮雕""投影"效果，效果如图 10-52（d）所示。

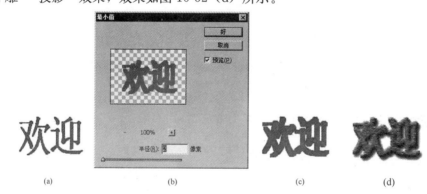

| (a) | (b) | (c) | (d) |

图 10-52 创建文字模纹图案

【思考与练习】

1. 图层效果在园林效果图制作中如何应用？

2. 减淡工具、加深工具、海绵工具有什么异同。如何利用减淡工具、加深工具制作水面效果和草坪的微地形效果？

3. 滤镜在园林效果图后期处理中可以产生哪些效果？举例说明。

4. 怎样改变文字的字符间距和段落间距？

5. 如何利用路径和画笔工具创建分析线？

6. 如何将一株绿色的树编辑成一株秋色叶树？

⏰ 技能训练

训练任务：加工润色"××别墅平面效果图"。

训练目标：综合运用本章所学内容，润色加工园林图纸。

操作提示：

1. 打开课件中的"××别墅设计平面图底图 . psd"文件。

2. 注意色彩的协调统一。

3. 利用减淡工具处理水面效果；利用填充工具处理亭子效果。

4. 树丛平面效果的绘制通常在 CAD 中绘制出轮廓线，再导入到 Photoshop CS 中润色加工，而其他植物则在 Photoshop CS 中直接绘制。

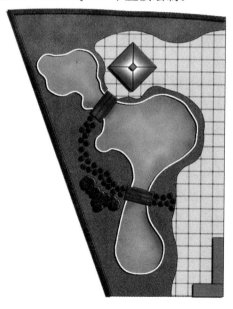

图 10-53 ××别墅设计平面效果处理效果

项目十一　园林效果图后期处理案例

【内容提要】

运用 Photoshop 对园林效果图进行后期处理，可以创造出令人惊叹的艺术效果。通过本项目的学习，使同学能够熟练掌握各种园林效果图后期处理的工作流程，包括"背景及各种配景的制作"、"植物的添加及色彩的调整"、"水面及倒影效果的制作"、"图面的整体色彩及明暗调节"等，从而巩固并加深 Photoshop 软件的使用方法和技巧，为尽快胜任工作岗位打下坚实基础。

【知识点】

AutoCAD 图形输出和 Photoshop 图形导入方法

路面及草地的制作方法

水面及水中倒影的制作方法

添加各种园林要素的方法

效果图的整体调整及添加文字技术

【技能点】

综合运用各种工具和命令绘制园林平面效果图

综合运用各种工具和命令绘制各种园林分析图、泡泡图

综合运用各种工具和命令绘制园林鸟瞰效果图

综合运用各种工具和命令绘制园林局部效果图

任务一　园林平面效果图后期处理

一、AutoCAD 平面底图的整理与输出

在做平面效果图之前，我们要先对 AutoCAD 平面底图进行整理。将地形、道路、铺装等分别放在不同的图层上，并检查各图层，保证图形线条是封闭的。

然后再将 AutoCAD 图形文件输出成 Photoshop 可以读取的文件格式，图形的输出方法主要有以下两种：

（一）直接输出法

单击【文件】/【输出】选项，在打开的"输出数据"对话框中，将【文件类型】改为"封装 PS（∗.eps）"，在【文件名】框中输入文件名，修改【保存于】后面的存储路径，指定图形输出的位置，然后单击【保存】按钮，返回图形界面。

这种输出方法，使用起来方便、快捷，实用。可以通过 Photoshop 调整分辨率和图像的长、宽数值，确定图像文件的大小。这种方法可以打印出任何图幅的图像。

（二）虚拟打印法

通过设置虚拟打印机，进行图形的打印输出。

1. 输出 JPG 格式

单击【文件】/【打印】，打开"打印－模型"对话框。

在"打印/绘图仪"区域，打开【名称】下拉表框，选择 PublishToWeb JPG.pc3。单击打印机名称后的【特性】按钮，打开"绘图仪配置编辑器"对话框。

在【设备和文档设置】选项卡的窗口中，单击【自定义图纸尺寸】，而后在下面的【自定义图纸尺寸】框中单击【添加】按钮，出现"自定义图纸尺寸－开始"对话框。

在"自定义图纸尺寸－开始"对话框中，选择【创建新图纸】，单击【下一步】按钮，在出现的"自定义图纸尺寸－介质边界"对话框中，输入需要的图纸尺寸。

再单击【下一步】按钮，出现"图纸尺寸名"对话框，界面上提示所设定的图纸为"用户 1（2500.00×2000.00 像素）"，再单击【下一步】按钮，完成图纸尺寸的设定。

系统返回"绘图仪配置编辑器"对话框，在下面的【自定义图纸尺寸】框中选择刚刚设置的"用户 1（2500.00×2000.00 像素）"，单击图框下面的【另存为】，在打开的窗口中输入文件名为"输出图 1"，确定后返回"绘图仪配置编辑器"对话框，确定后回到"打印－模型"对话框，在【图纸尺寸】下拉表框，选择"用户 1（2500.00×2000.00 像素）"，确定后出现"浏览打印文件"对话框。输入【文件名：】和【保存于：】后的保存路径，单击【保存】按钮。运行 Photoshop 软件，在刚才储存的路径中即可打开文件。

2. 输出 eps 格式

用虚拟打印法也可以输出 eps 格式文件。

执行【文件】/【绘图仪管理器】命令，弹出"Plotters"窗口，在窗口中双击"添加绘图仪向导"图标后，会弹出一个"添加绘图仪－简介"对话框，直接单击【下一

步】按钮。在弹出"添加绘图仪－开始"对话框中，将要配置新绘图仪选择为"我的电脑"，然后单击【下一步】按钮。系统会弹出"添加绘图仪－绘图仪型号"对话框。

在对话框中将生产商选择"Adobe"，型号选择为"Postscript Level 1"，确定后单击【下一步】按钮。系统会提示"输入 pcp 或 pc2"、"端口"，在这两处均不需要修改，只需点击【下一步】按钮，系统会提示"绘图仪名称"，在此处修改绘图仪的名称为"平面效果图打印"，再单击下一步按钮，在出现的对话框中直接单击【完成】按钮，结束操作。这时在"Plotters"窗口中已经新增加了一个名为"平面效果图打印"的打印机。

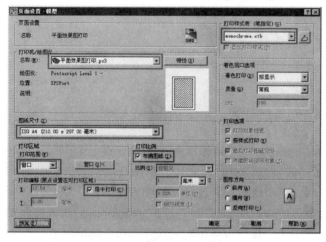

图 11-1　页面设置-模型对话框

为了方便在 Photoshop 中选择选区和修改图形，输出 eps 格式图形时，一般要将图层分层打印。方法是单击【文件】/【页面设置管理器】命令，在出现的"页面设置－模型"对话框中做如图 11-1 所示设置。（打印样式表选择 monochrohe.ctb，打印的图形为黑白显示）。

在 AutoCAD 文件中只保留"道路"图层，关闭其他图层。单击【文件】/【打印】命令，在弹出的"打印-模型"对话框中做如图 11-2 所示设置，单击"确定"按钮，在随后的"浏览打印文件"对话框中输入文件的名称和文件存储的路径，单击"保存"按钮即可完成。

保留"地形"图层，关闭其他图层，单击【文件】/【打印】命令，在弹出的"打印-模型"对话框中做相同的设置，完成"地形"图层的虚拟打印。用同样的方法完成"铺装"、图层的虚拟打印。

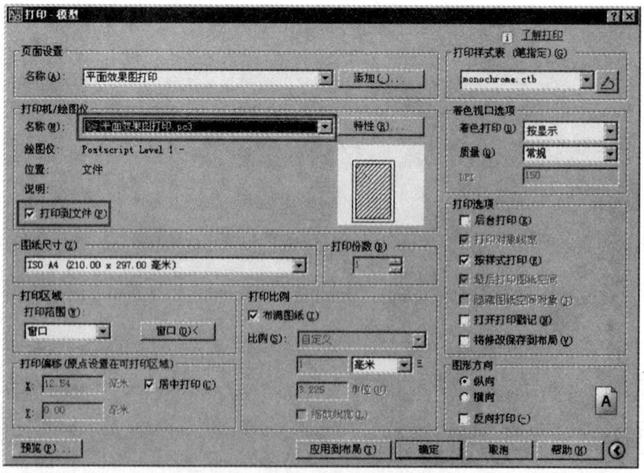

二、Photoshop CS 图形导入

（一）打开文件

双击桌面上 Photoshop CS 图标，打开 Photoshop CS 的操作程序。单击【文件】/【打开】或按〈Ctrl＋O〉组合键，在打开的对话

图 11-2　打印-模型对话框

框中查找上面的 AutoCAD 输出的文件，双击文件名，就可以打开文件进行图像的处理，如图 11-3（a）所示。

（二）文件合并

同时打开虚拟打印的四个文件，按住"shift"键的同时，将图形都拖拽到一个文件中，可以看到打印的三个图层叠加在一起，并且它们叠加的位置与 AutoCAD 的图层位置一致，不会错位。

（三）新建背景图层

新建一个图层，在"图层属性"中修改名称为"背景"，将"背景"图层拖拽到最下方，并填充白色。将其他图层修改名称，对应为"道路"、"铺装"、"地形"，如图 11-3（b）所示。

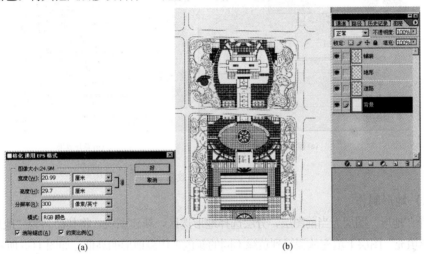

图 11-3　文件的打开与合并

（四）文件保存

在图像的制作处理前要先进行文件的保存，以便在绘制处理过程中可以随时保存文件。这样做的目的是避免发生意外情况而导致我们的工作前功尽弃。执行【文件】/【另存为】命令，指定位置和文件名，以"∗.PSD"格式保存，可以保留程序操作过程中的内容，便于处理后图像的修改和调整。

三、平面效果图的后期处理

（一）图面裁切与修整

使用工具箱中的"裁切工具"，将画面裁切成适当大小。

使用工具箱中的"缩放工具"将视图放大，然后选择工具箱中的"铅笔工具"将图纸中没有封闭的线条封闭，以便在后面的操作中进行区域选择。没有封闭的线条将无法进行填充操作。

（二）草地制作

选择"道路"图层为当前图层，在"添加到选区"模式下，选择图中的草坪区域。新建一个图层，将其命名为"草坪"，选择"草坪"图层为当前图层，将前景色设置为绿色，（R：75G：181 B：38），同时按下〈Alt＋Delete〉组合键，用前景色填充草坪区域。

单击【滤镜】/【杂色】/【添加杂色】命令，设置"高斯分布"和合适的"数量"值，如图 11-4（a）所示。效果如图 11-4（b）所示。

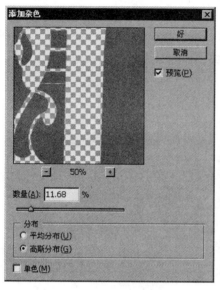

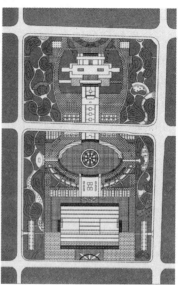

(a) 添加杂色对话框　　　　　　　　　　　　　(b) 草坪效果

图 11-4　草坪效果

（三）地形制作

选择"地形"图层为当前图层，分层选择地形选区，新建图层，将其命名为"地形填充"，在"地形填充"图层上填充从深绿到黄绿不同的颜色来代表地形的高低，如图 11-5 所示。

（四）填充广场铺装

由于在 CAD 中已经打印了部分广场铺装，因此，我们只需为这部分铺装填充一个颜色即可，最好每种铺装颜色填充在一个图层上，以便后期可以整体调整色彩。

选择"道路"图层为当前图层，在"道路"图层上选取要填充的对应选区，设置前景色为"浅黄"，新建"铺装填充 1"图层，将"铺装填充 1"图层置为当前图层，填充前景色，再用同样的方法填充其他的铺装区域，如图 11-6 所示。

（五）填充建筑

在"道路"图层上选取建筑的对应选区，设置前景色为"蓝色"，新建"建筑填充"图层，将"建筑填充"图层置为当前图层，填充前景色。双击"建筑填充"图层，为其设置"阴影"效果，如图 11-6 所示。

（六）填充游步道

打开课件中的"游步道铺装.tif"文件，使

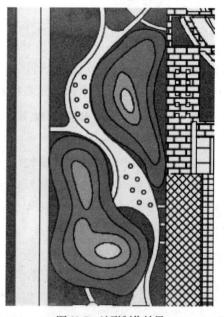

图 11-5　地形制作效果

用快捷键〈Ctrl＋A〉将图像全部选择，然后选择【编辑】/【定义图案】命令，出现定义图案对话框，如图 11-7 所示，单击"好"，将所选图像定义成图案。

图 11-6　广场及建筑填充效果

图 11-7　定义图案对话框

新建"游步道填充"图层，在"道路"图层上选择游步道选区，将"游步道填充"图层设为当前图层，选择【编辑】/【填充】命令，弹出填充图案对话框，如图 11-8 所示，在弹出的"填充"对话框中选择新定义的图案进行填充操作，按〈Ctrl＋D〉键取消选择。

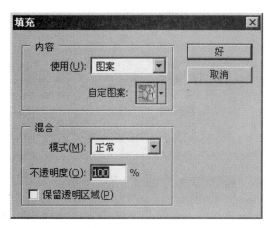

图 11-8　图案填充对话框

（七）其他铺装填充

用同样的方法定义其他铺装图案，并在新建图层上填充相对应的区域。注意一个图案应对应填充在一个图层上，效果如图 11-9 所示。

（八）旱喷广场铺装

用工具箱中"缩放工具"放大旱喷广场区域，以"道路"图层为当前层。用"魔棒工具"选取旱喷广场区域，打开"旱喷广场.jpg"文件。〈Ctrl＋A〉键全选，〈Ctrl＋C〉键复制。

回到"平面效果图"窗口，按〈Shift＋Ctrl＋V〉键，将刚才复制的图像"贴入"到"旱喷广场"选区中。按〈Ctrl＋T〉键，出现变形框，将鼠标放到变形框一角点，同时按〈Shift＋Alt〉键，拖动鼠标进行同比缩放，结果如图 11-10 所示。

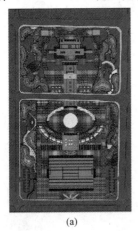 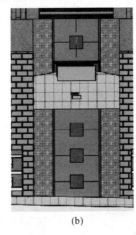 

(a)   (b)   (c)

图 11-9　图案填充效果

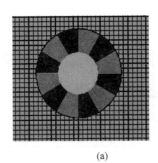 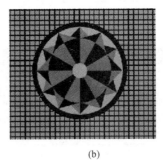

(a)   (b)

图 11-10　旱喷广场铺装效果

（九）绘制模纹

新建"模纹"图层，将"道路"图层设为当前层，使用"魔棒工具"选择模纹区域，回到"模纹"图层，填充红、黄、白、绿等模纹植物的色彩，如图 11-11（a）所示。

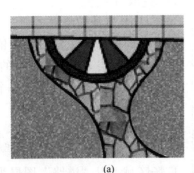 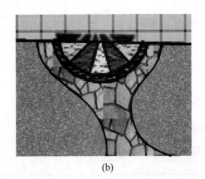

(a)   (b)

图 11-11　模纹效果

确定"模纹"图层为当前层，执行【滤镜】/【纹理】/【纹理化】命令。双击该图层，为绘制的模纹做【投影】效果，效果如图 11-11（b）所示。用同样的方法做出其他模纹效果。

（十）绘制花架

新建"花架"图层，将"道路"图层设为当前层，使用"魔棒工具"选择花架所在区域，回到"花架"图层，设置前景色为褐色，〈Alt＋delete〉填充前景色，双击该图层，为其设置阴影效果，如图 11-12 所示。

图 11-12　花架效果

（十一）绘制雕塑

选择图中的雕塑区域，在新建的"雕塑"图层上填充黄色，并设置阴影效果。

（十二）绘制主干道

新建"主干道"图层，为其填充青灰色。

（十三）添加植物

打开课件中的"乔木树例 . psd"文件（效果图常用的材质/ photoshop 平面植物素材），利用"矩形选框工具" <u>□</u>，选择一个树例，运用移动工具 ▶ ，将选择的树例移动复制到"平面效果图"文件中，这时，文件中会新增加一个图层，在该图层上单击右键，选择"图层属性"，在弹出的对话框中将图层名改为"黄杨"，按〈Ctrl＋T〉键，出现变形框。将鼠标放到变形框一角点，同时按〈Shift＋Alt〉键，拖动鼠标进行同比缩放，将树例缩放到合适的大小，双击该图层，为"黄杨"树例添加阴影效果。

将树例移动到广场的树阵位置，同时按下〈Shift＋Alt〉键，移动复制该树例，完成树阵效果。将所有黄杨及其副本图层合并为一个图层，效果如图 11-13 所示 。

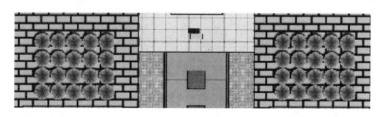

图 11-13　黄杨树阵

用同样的方法为平面效果图添加其他树例效果。复制树例的时候可以只按住〈Alt〉键拖动鼠标复制，按下〈Shift〉键的目的是让树例保持水平或垂直复制，只在树阵或行列植中使用。

自然式树木的栽植应符合"不等边三角形"美学原理，并注意树木的搭配要注重植物景观的立体层次，如图 11-14 所示。

图 11-14　自然式栽植

（十四）添加文字

按下快捷键〈T〉激活工具箱中的文字工具，单击文字工具属性栏中的颜色框，将颜色调整为黑色；选择字体为黑体；在字体大小框中直接改变数值为42。

在图像文件的图框内、图形的空白处单击，然后调出汉字输入法，输入"广场平面效果图"七个字。文字输入后光标离开文字将自动变为移动标识，拖动鼠标将文字移动到合适的位置，结果如图11-15所示。

（十五）打印输出

打开菜单【文件】/【页面设置】，出现"页面设置"对话框。单击【打印机】按钮，出现另一"页面设置"对话框，在【名称:】栏选择打印机，单击【确定】，然后选择纸张大小，单击【确定】。

单击菜单【文件】/【打印】出现"打印"对话框，勾选"缩放以适合介质"选项。单击【打印】按钮，出现另一"打印"对话框。选择打印机，单击【首选项】按钮，出现"打印首选项"对话框，适当设置后，单击【确定】回到"打印"对话框，再单击【打印】，开始打印进程。

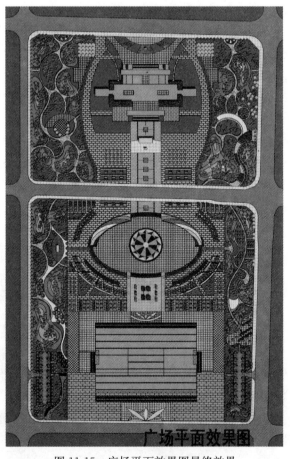

广场平面效果图

图 11-15　广场平面效果图最终效果

任务二 绘制园林分析图

园林分析图包括交通分析图、景观节点分析图、功能分析图、灯光分析图等。做分析图更为好用的一款软件是 AI，用 Photoshop CS 也可做分析图，主要用到的命令是"画笔"和"路径"工具。

一、园林功能分析图的绘制

功能分析图是对景观设计功能分区的阐释。如：老人活动区、儿童活动区、休闲健身区、中心集散广场、水景区、防护隔离带、商业休闲区等。

在方案规划之前就要列出小区景观设计要包含的功能区，再根据具体情况确定其分布，然后才能勾勒出大概的功能分析图框架，接下来才是方案深入，在深入的过程中可能还会有调整，所以等方案确定后，才能绘制完整的功能分析图。

功能分析图的绘制一般是用色块来表示，也可以在此基础上加以变化，主要通过颜色区分不同功能。

1. 打开课件中的"路径底图.jpg"文件，单击菜单栏【图像】/【调整】/【亮度/对比度】，将图像的"亮度和对比度"调低，使图像看起来更柔和，以便突出路径。

2. 单击菜单栏【编辑】/【预设管理器】，追加"矩形画笔"，如图 11-16 所示。

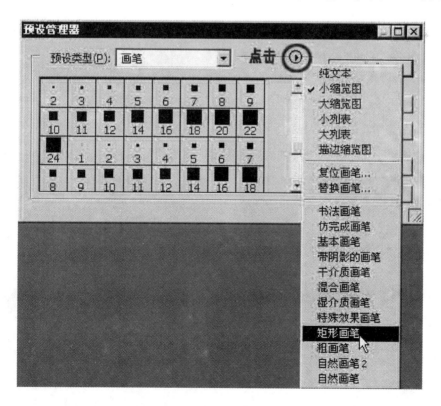

图 11-16　预设管理器对话框

3. 切换到画笔工具，设置画笔。

首先选择一个合适宽度的矩形画笔，改变其角度和长宽比，调整间距后切换到"形状动态"，将"角度抖动"切换到"方向"模式，如图 11-17 所示。

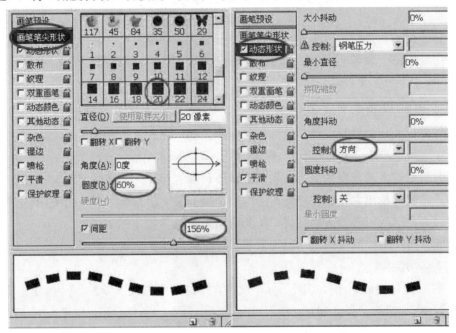

图 11-17　画笔设置

4. 绘制路径

单击工具箱中的"矩形选框"工具，设置"羽化"值为 25，选择"行政中心用地"，如图 11-18（a）所示，出现蚂蚁线后，在"路径面板"中单击"从选区生成工作路径 ⬡"，选区的蚂蚁线即可变为工作路径，设置前景色为红色，新建一个图层并设为当前层，在"路径面板"中单击"用画笔描边路径 ○"，再点击路径面板的空白处，刚才的路径黑线不见了，即可得到需要的图案，效果如图 11-18（b）所示。

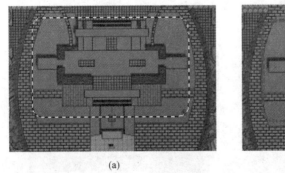
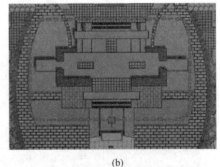

(a)　　　　　　　　　　　　(b)

图 11-18　绘制路径

5. 绘制功能区色块

选择"工作路径"，用鼠标单击右侧的小三角号，在出现的下拉菜单中选择"存储路径"，在出现的对话框中设置名称为"路径 1"，则"工作路径"成为永久保留的"路径 1"，如图 11-19 所示。

选择"路径 1"，单击其下的"将路径作为选区载入"按钮 ⭕，路径黑线变为蚂蚁线，新建一个图层并设为当前图层，为其填充黄色，改变该图层的"不透明度"为 52%，即可得到功能分区的色块填充效果。如图 11-20 所示。

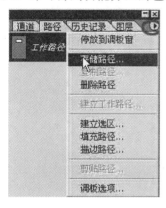

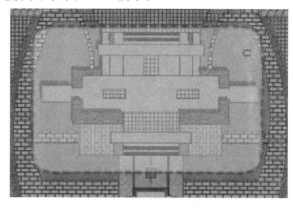

图 11-19　存储路径　　　　　　　　　图 11-20　功能区色块

用同样的方法绘制其他功能分区。

6. 填写文字

设置前景色为黑色，单击工具箱中的文字工具，为其添加"行政中心用地"文字。用同样的方法制作其他分区，效果如图 11-21 所示。

二、园林交通分析图的绘制

交通分析图一般要标明人行入口、车行入口、主要车行道路、主要步行道路、游园步道、停车场、消防车道、（健身跑道）、地下车库入口等。入口一般用箭头表示，道路用虚线段表示，各级道路通常以颜色和粗细来加以区分。

1. 首先打开课件中的"广场平面图底图.dwg"文件，在 CAD 底图文件中新建四个图层，分别命名为"分析图-主行车道路"、"分析图-主路线"、"分析图-次路线"、"分析图-游步道"图层，分别在这四个图层中绘出园林交通分析图，如图 11-22 所示。

2. 将图纸其他图层关闭，只剩"分析图-主行车道路"图层。设置打印机参数与打印总图时相同，尤其是打印窗口要一致，这样才能保证在 Photoshop CS 中图形的位置不错

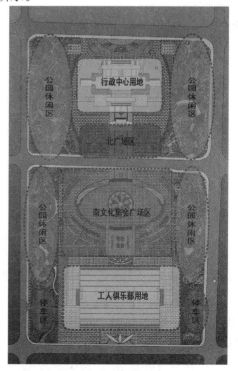

图 11-21　功能分区图

位。将此图层打印出来。用同样的方法将"分析图-主路线"、"分析图-次路线"、"分析图-游步道"图层分别打印出来，如图 11-23 所示。

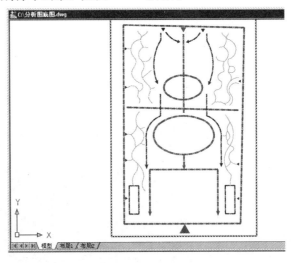

图 11-22 交通分析图底图

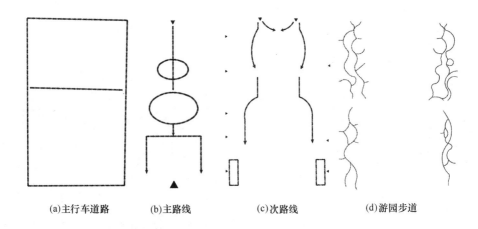

(a)主行车道路　　(b)主路线　　(c)次路线　　(d)游园步道

图 11-23 各级道路分析线

3. 在 Photoshop CS 中将刚才打印的"分析图-主行车道路"、"分析图-主路线"、"分析图-次路线"、"分析图-游步道"和"道路分析图底图"文件打开，按住 shift 键，分别将"分析图-主行车道路"、"分析图-主路线"、"分析图-次路线"、"分析图-游步道"的图层拖拽至"道路分析图底图"中，效果如图 11-24 所示。

4. 在 Photoshop CS 中将拖拽进来的图层分别命名为"主路线"、"次路线"、"游步道"、"主行车道"，按下〈Ctrl〉键的同时左键点击"主行车道"，"主行车道"行车路线成为选区，设置前景色为红色，同时按下〈Ctrl＋Delete〉键，填充"主行车道路线"为红色。用同样的方法为"主路线"、"次路线"、"游步道"路线分别填充"粉色"、"蓝色"、"青色"。

5. 在空白区域添加文字，注明各色线型表示的涵义，如图 11-25 所示。

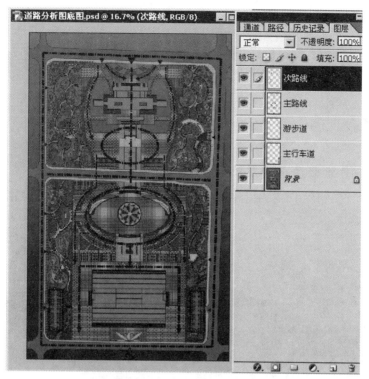

图 11-24　图层拖拽示例

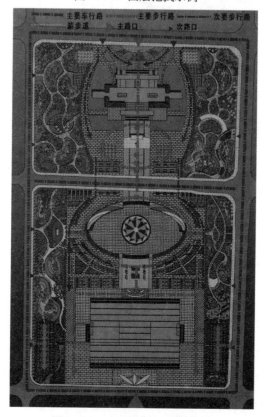

图 11-25　交通分析图最终效果

任务三　园林三维效果图后期处理

园林景观效果图有鸟瞰效果图和局部效果图两种。鸟瞰效果图的相机视点比较高，主要反映园林设计场地的整体布局，给业主提供更直观的画面效果；园林局部效果图的相机视点与人的视点基本相同，让人有身临其境之感，主要反映设计中精彩部分的景观效果。

一、园林鸟瞰效果图后期处理

1. 打开课件中的"小游园底图.tif"文件，如图 11-26 所示，将其另存为"小游园鸟瞰效果图.psd"。

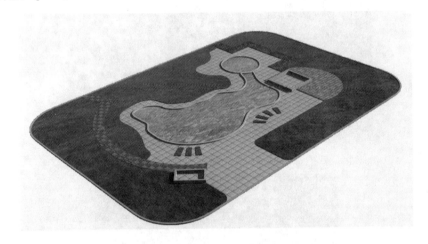

图 11-26　小游园底图

2. 进入"通道"控制面板，按下〈Ctrl〉键的同时，点击"Alpha 1"通道载入选区。返回到图层面板，在图层面板中双击"背景"图层，在弹出对话框后按回车键确认，将背景图层转换成"0"图层。之后再同时按下〈Ctrl＋Shift＋I〉键，将选择区域反选，按〈Delete〉键删除黑色背景区域，此时背景部分的图像变为透明，按〈Ctrl＋D〉键取消选择，如图 11-27 所示。

3. 添加背景

单击工具箱中的渐变工具 ▣ ，设置从蓝色（R：84 G：178 B：195）到白色的渐变，选择"菱形渐变"，如图 11-28 所示。

4. 添加置石

打开课件中的"置石.psd"文件，将置石复制到效果图中，调整其所在图层到 0 图层的上方。在该图层上单击鼠标右键，选择"图层属性"，修改名称为"置石"。依据平面图，移动刚复制的"置石"到合适位置，按下〈Ctrl＋T〉键，根据比例关系调整其大小。如图 11-29（a）所示。点击工具箱中的移动工具 ▣ ，按下〈Alt〉键，移动复制"置石"图层到合适位置，效果如图 11-29（b）所示。

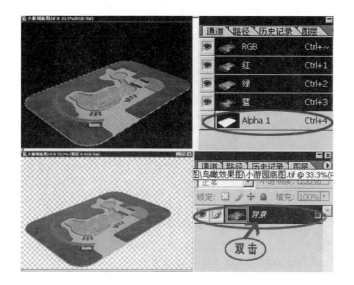

图 11-27　删除背景图层

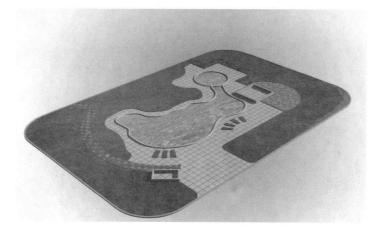

图 11-28　添加背景

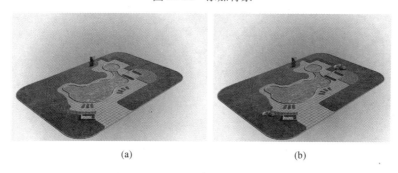

(a)　　　　　　　　　　　　　　　　(b)

图 11-29　添加置石

5. 添加植物

　　选择课件中的植物素材，将其复制到小游园效果图中，调整其大小，并参照图11-30所示"小游园平面效果图"的植物种植来调整植物材料的位置，完成小游园鸟瞰效果图。

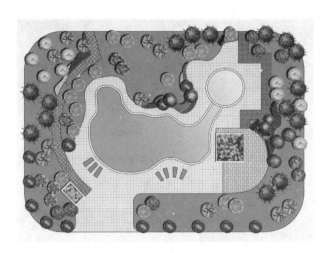

图 11-30　小游园平面效果图

（1）添加模纹

打开课件中的"地被植物.psd"文件，将地被植物复制到效果图中，如图 11-31（a）所示，按下〈Ctrl＋T〉键，进入"自由变换"模式，同时按下〈Ctrl＋Alt〉键，调整复制的"地被植物"的透视角度，使之与"0"图层的透视吻合。效果如图 11-31（b）所示。用同样的方法添加模纹植物，并添加植物球遮掩模纹交接处，使模纹看起来更自然，同时也可增加植物的高低层次，效果如图 11-31（c）、图 11-31（d）、图 11-31（e）所示。

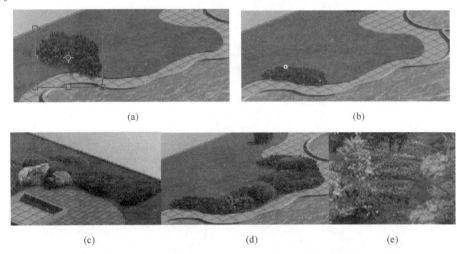

(a)　　　　　　　　　　(b)

(c)　　　　　　　(d)　　　　　　　(e)

图 11-31　模纹绘制效果

（2）添加树木

打开课件中的"乔木 1.psd"文件，将乔木复制到效果图中，将其名称修改为"针叶乔木"。依据平面图，移动刚复制的"针叶乔木"到合适位置，按下〈Ctrl＋T〉键，根据比例关系调整其大小，如图 11-32（a）所示 。点击工具箱中的移动工具，按下〈Alt〉键，移动复制"针叶乔木"图层到合适位置，效果如图 11-32（b）所示。

打开课件中的"花树.psd"文件，将其复制到效果图中并调整大小，改图层名称

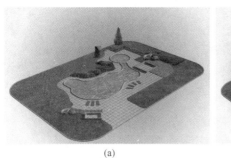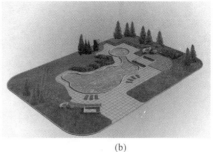

(a)　　　　　　　　　　　　　　　(b)

图 11-32　添加常绿乔木

为"花树"，根据平面图复制"花树"图层到合适位置，效果如图 11-33 所示。

图 11-33　添加花木

对于近处或直接可视的树木要为其添加阴影。打开课件中的树木素材，将其拖拽到小游园效果图中合适的位置，按下〈Ctrl＋T〉键调整大小。修改其图名为"乔木 5"，如图 11-34（a）所示。

将"乔木 5"图层置为当前图层，按住鼠标左键不放，拖动图层到图层面板下面的按钮 ⬚ 上，将图层在原位置上复制。按下〈Ctrl〉键的同时单击复制的图层，为选中区域填充黑色。

按下〈Ctrl＋T〉键，进入"自由变换"模式，将变换轴移至树干底部，将鼠标放在"自由变换"框的角点处，则鼠标变成 ↰，将复制填充的图层旋转出一些，如图 11-34（b）所示。

同时按下〈Ctrl＋Alt〉键，调整复制填充图层的透视角度，使其与 0 图层其他景观的阴影透视关系吻合。如图 11-34（c）所示。调整图层的"不透明度"，使树木的阴影颜色与其他景观的阴影颜色吻合，如图 11-34（d）所示。同样方法添加其他树材，注意调整图层的上下关系。

（3）添加花坛花卉

打开"花卉 .psd"素材图片，将其拖拽到小游园效果图中，调整其透视关系，效果如图 11-35 所示。

图 11-34　树木阴影的制作过程

图 11-35　花卉添加效果

6. 草坪处理

将 "0 图层" 置为当前图层，按住鼠标左键不放，拖动图层到图层面板下面的 按钮上，将图层在原位置上复制。复制 "0 图层" 的目的是保存一份副本。

选择工具箱中的 "加深""减淡" 工具，在 "0 图层副本" 图层上加深或减淡草坪色彩，做出地形起伏效果。通常树木下面的草坪颜色要使用 "加深" 工具，空处应使用 "减淡" 工具，如图 11-36 所示。

图 11-36　草坪的加深减淡

7. 添加人物

按比例为小游园效果图添加人物，并为人物制作阴影。

8. 画面整体调节

合并除背景层以外的其他图层，利用【图像/调整】中的命令调节画面效果，最终效果如图 11-37 所示。

二、园林局部效果图后期处理

1. 打开课件中的 "居住区中心绿地局部效果图底图 . tif" 文件，如图 11-38 所示，将其另存为 "居住区中心绿地局部效果图 . psd" 文件。

图 11-37　小游园鸟瞰效果图

图 11-38　居住区中心绿地局部效果图底图

2. 用绘制鸟瞰效果图的方法去除"居住区中心绿地局部效果图"文件的背景，将背景改为透明。

3. 画面调节

参考图 11-39（a）、图 11-39（b），利用【图像/调整】中的"曲线"和"可选颜色"命令调节画面效果。画面效果如图 11-39（c）所示。

图中的弧形落地窗效果不明显，需要为弧形窗加强效果。单击工具箱中的魔棒工具，选择左侧弧形窗，单击渐变工具，设置如图 11-40（a）所示渐变颜色，从左向右做线性渐变，效果如图 11-40（b）所示，为加强效果，用加深工具和减淡工具分别涂抹暗处和高光处，按住〈Shift〉键可以使高光成一条直线。效果如图 11-40（c）所示。用同样的方法处理另一边弧形窗。

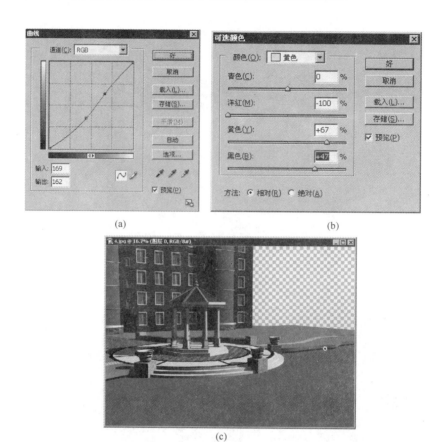

(a)　　　　　(b)

(c)

图 11-39　画面色彩调节

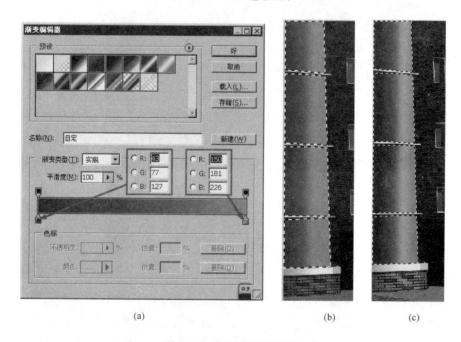

(a)　　　　　(b)　　(c)

图 11-40　弧形落地窗效果

4. 添加背景

背景是园林效果图后期处理中很重要的部分。背景的主要部分一般都是天空，其次是山体、建筑、树木等。背景的色彩和气氛应与园林主体景观相配合。主体景观复杂时，背景宜简单，主体景观简洁时，背景则应丰富活跃。此外，背景与主体在季节、时间、天气等因素上也应一致。本例采用天空背景。

图 11-41　添加天空背景

打开课件中"天空背景 .psd"文件，将"天空"图层拖拽至"居住区中心绿地局部效果图"文件中，调整其大小和位置，将其设于"图层 0"下方。如图 11-41 所示。

5. 草坪处理

效果图中，草坪的处理方法有三种，第一种是直接利用颜色渐变工具填充出草坪的颜色，然后使用滤镜中的【添加杂色】命令模仿草地效果；第二种是直接引用草地素材，不做过多的调整，效果较真实；第三种是同时利用几种草地素材，利用 Photoshop CS 工具进行合成，这种方法处理的草地富于变化，色彩艳丽，但处理起来比较费时间。本例采用第二种方法处理草坪。

单击工具箱中的魔棒工具 　，选择图中的草坪区域，执行【选择/存储选区】命令，将刚选择的区域存储为"草坪"。如图 11-42 所示。

图 11-42　草坪选区

打开课件中的"草坪 .psd"文件，执行【编辑/拷贝】命令，回到"居住区中心绿地局部效果图"文件，执行【选择/载入选区】，载入"草坪"选区（如图 11-43 所示），再执行【编辑/粘贴入】命令，将草坪贴入草坪区域。执行【编辑/自由变换】命令，将草坪满铺于草坪区域。

6. 添加背景树

打开课件中的"背景树 .psd"文件，将背景树复制到效果图中，调整其大小和位置，在该图层上单击鼠标右键，选择

图 11-43　载入选区对话框

245

"图层属性"，修改名称为"背景树"。

7. 添加主景树

打开"乔木 1. psd"文件，将乔木复制到效果图中，按下〈Ctrl＋T〉键调整大小，将其名称修改为"乔木 1"，如图 11-44（a）所示。由于"乔木 1"的光照效果与图主体部分不符，执行【编辑/变换/水平翻转】命令，将"乔木 1"翻转，如图 11-44（b）所示。将"乔木 1"图层的不透明度调为"20"，点击工具箱中的"多边形套索工具" ，将"乔木 1"与亭子相交的部分选中，如图 11-44（c）将本图层的不透明度调为"100"，按下〈Delete〉键，删除选区内的树木。如图 11-44（d）所示。

图 11-44　添加主景树

8. 添加配景树

打开课件中的"乔木 3. psd"文件，将其复制到效果图中，按下〈Ctrl＋T〉键调整大小，移动到湖边。按下〈Alt〉键的同时，移动刚复制的树木，为其复制一个副本图层，〈Ctrl＋T〉键将其缩小，调整图层的顺序，效果如图 11-45（a）所示，用同样的方法做其他配景树，效果如图 11-45（b）所示。

9. 添加灌木和地被植物

打开课件中的"灌木. psd"等植物文件，添加灌木和地被植物。如图 11-46 所示。

10. 水面和驳岸处理

单击工具箱中的魔棒工具 ，选择图中的水面区域，执行【选择/存储选区】命令，将刚选的区域存储为"水面"。

打开课件中的"水面材质. jpg"文件，按下〈Ctrl＋A〉键全选，执行【编辑/拷贝】命令，回到"居住区中心绿地局部效果图"文件，执行【选择/载入选区】，载入

"水面"选区，再执行【编辑/粘贴入】命令，将水面贴入草坪区域。执行【编辑/自由变换】命令，将水面尽量满铺水面区域。如图 11-47（a）所示。按下〈Alt〉键的同时，移动刚复制的水面，复制水面副本，调整图层，点击工具箱中的橡皮擦工具 🖊️，设置橡皮擦工具的硬度为"0％"，使用快捷键"[" 与 "]"调整橡皮擦主直径，涂擦两水面图层相交接的部分，使其过渡自然。如图 11-47（b）所示。

(a)

(b)

图 11-45　添加配景树

图 11-46　添加灌木

　　为使画面整体一致，草坪和水面的边缘宜处理成卵石驳岸的效果。单击工具箱中的多边形套索工具 🔍，从"水面材质.jpg"文件中剪取卵石驳岸的部分，设置羽化复制到效果图中，调整大小和透视关系，使其过渡自然。如图 11-48（a）、图 11-48（b）、图 11-48（c）所示。

　　用同样的方法处理另一侧驳岸。如图 11-48（d）所示。

　　11. 水中倒影的处理

　　合并"图层 0"和"弧形窗"图层，按住〈Alt〉键，点击移动工具，向下拖动该图层，将其复制一个副本。

选择新复制的副本图层，执行【编辑/变换/垂直翻转】命令，将复制后的主图层"图层 0"垂直翻转。翻转后，按〈Ctrl＋T〉键纵向缩小其尺寸，然后调整图层顺序，将其调于主图层"图层 0"之下，删除看不到的部分。

(a)　　　　　　　　　　　　(b)

图 11-47　添加水面

(a)　　　　　　　　　　(b)　　　　　　　　(c)

(d)

图 11-48　驳岸处理

在图层面板中单击图层混合模式右侧的下拉箭头，在下拉列表中选择"强光"模式，强光▼。选择【滤镜/模糊/动感模糊】命令，设置如图 11-49（a）所示参数，完成倒影的动感模糊效果。在图层面板中将该图层的填充值调整到 60％，调整后的效果如图 11-49（b）所示。

用同样的方法制作树木倒影。

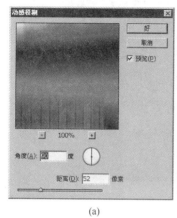 

（a）　　　　　　　　　　　　　　　　（b）

图 11-49　水中倒影

12. 制作花钵

打开课件中的"花 . psd"文件，单击移动工具，将"花"拖动复制到效果图中。调整大小和位置，效果如图 11-51 所示。

13. 制作近处水中倒影

选择第一级台阶，如图 11-50（a）所示部分，在该图层上单击鼠标右键，在弹出的菜单中选择"通过拷贝的图层"［图 11-50（b）］，则在"图层 0"的上方产生一个新图层，修改名称为"台阶阴影"，将其设于"图层 0 下方"，修改其【亮度/对比度】，并为"台阶倒影"添加"动感模糊效果"。在图层面板中将"台阶倒影"图层的填充调为 75％。

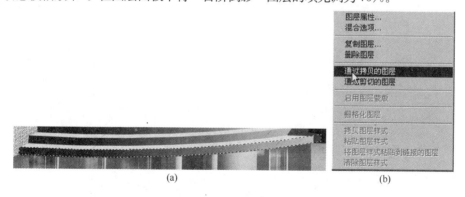

（a）　　　　　　　　　　　　　　　　（b）

图 11-50　台阶倒影

用同样的方法做其他近处景观效果。最终结果如图 11-51 所示。

14. 草坪后期效果处理

选择工具箱中的"加深""减淡"工具，在"草坪"图层上加深或减淡草坪色彩，做出地形起伏效果。通常树木下面的草坪颜色要使用"加深"工具，空处应使用"减淡"工具。

图 11-51　添加水中倒影的效果

15. 为近处的树添加阴影

用前面讲过的方法为近处右侧的两棵树添加阴影效果。

16. 添加人物

打开课件中的"人物 1. psd"文件，单击移动工具，将"人物"拖动复制到效果图中。按比例调整人物大小，利用"加深"工具加深人物脚下草坪的颜色，为人物制作阴影效果。

17. 添加光照效果

新建一个图层，模仿太阳光的光照建立选区，如图 11-52（a）所示，点击【选择/羽化】，设置羽化值为"45"，设置羽化的目的是使光照效果更柔和。为选区填充奶白色（R：238G：253B：208），在图层面板中调整"图层混合模式"为"叠加"，图层填充为 64%，用橡皮擦除去天空中不真实的光照，只保留光照在植物、地面等的效果，可以看到植物、地面、亭子向光部分更亮，颜色也更偏暖。效果如图 11-52（b）所示。

(a)　　　　　　　　　　　　　　　　　(b)

图 11-52　添加光照效果

18. 画面整体调节

新建一个图层，将其调整到图层的最上方，设置从黑色到透明的渐变，如图 11-53 所示，从下向上做径向渐变，在图层面板中调整"图层混合模式"为"正常"，图层填充为 50%。

图 11-53　径向渐变设置

在图层的最上方再新建一个图层，填充黑色（R：0G：0B：0），在图层面板中调整"图层混合模式"为"颜色加深"，图层填充为 7%。可以看到图面的光感更强，色彩更丰富了。最终效果如图 11-54 所示。

图 11-54　居住区中心绿地局部效果图

【思考与练习】

1. 如何分层打印 AutoCAD 底图？

2. 如何利用减淡工具、加深工具制作草坪的微地形效果？

3. 如何使画面的整体效果层次感更强？

4. 怎样拷贝复制画面内容？

5. 在效果图中，如何给树木做阴影和倒影？

6. 平面效果图的草坪也可以使用真实的草坪材质，试使用真实草坪材质制作平面效果图，并比较与【滤镜/杂色】的方法创建的草坪的效果有何不同。

技能训练

训练任务：根据课件相关文件中的配景图片，制作项目八中绘制的水景局部效果图和工业园区鸟瞰效果图。

训练目标：熟练掌握透视效果图的制作技术。

操作提示：

1. 打开课件/第三部分/技能训练/水景局部效果图/水景局部效果图.tga 和水景局部效果图-通道.tga 文件。

2. 将"水景局部效果图-通道.tga 文件"中的图像拖入"水景局部效果图.tga"画面中，可利用"通道"图层选择透视效果图中要素，进行颜色及对比度的调整。

3. 分别选择植物、天空、人物、水面、配景等图像文件，使用复制、粘贴方式放入透视图画面中，并进行近大远小处理，同时要对图像的色彩、对比度、饱和度进行设置，结果如图 11-55 所示。

4. 参考上述方法进行工业园区鸟瞰效果图后期处理，结果如图 11-56 所示。

图 11-55　水景局部效果图处理结果　　　图 11-56　工业园区鸟瞰效果图处理结果

附录 1　AutoCAD 常用快捷键

绘图工具栏	名　称	英 文 指 令	缩　写
1	直线	line	L
2	构造线	Xline	XL
3	多段线	Pline	PL
4	正多边形	Polygon	POL
5	矩形	Rectang	REC
6	圆弧	Are	A
7	圆	Circle	C
8	云线	Revcloud	
9	样条曲线	Spline	SPL
10	绘制多线	Mline	ML
11	椭圆	Ellipse	EL
12	绘制实心圆环	Donut	DO
13	插入块	Insert	I
14	创建块	Block	B
15	点	Point	PO
16	填充	Bhatch	BH/HE
17	面域	Region	REG
18	定义块文件	Wblock	W
19	多行文本	Mtext	T
修改工具栏	名　称	英 文 指 令	缩　写
1	删除（橡皮）	Erase	E
2	复制	Copy	CO/CP
3	镜像	Mirror	MI
4	表格	Tablet	TA
5	偏移	Offset	O
6	阵列	Array	AR
7	移动	Move	M
8	旋转	Rotate	RO
9	缩放	Scale	SC
10	拉伸	Stretch	S
11	修剪	Trim	TR
12	延伸	Extend	EX
13	打断于点	Break	BR

续表

修改工具栏	名　称	英 文 指 令	缩　写
14	打断	Break	BR
15	倒角	Chamfer	CHA
16	圆角	Fillet	F
17	编辑多段线	Pedit	PE
18	修改文本	Ddedit	ED
对象特性	名　称	英 文 指 令	缩　写
1	设计中心	Adcenter	ADC
2	修改特性	Properties	CH，MO
3	属性匹配	Matchprop	MA
4	文字样式	Style	ST
5	设置颜色	Color	COL
6	图层操作	Layer	LA
7	线形	Linetype	LT
8	线形比例	Ltscale	LTS
9	线宽	Lweight	LW
10	图形单位	Units	UN
11	属性定义	Attdef	ATT
12	编辑属性	Attedit	ATE
13	边界创建	Boundary	BO
14	对齐	Align	AL
15	退出	Quit	EXIT
16	输出其他格式文件	Export	EXP
17	输入文件	Import	IMP
18	自定义 CAD 设置	Option	OP，PR
19	打印	Plot	PRINT
20	清除垃圾	Purge	PU
21	重新生成	Redraw	R
22	重命名	Rename	REN
23	捕捉栅格	Snap	SN
24	草图设置	Dsettings	DS
25	设置捕捉模式	Osnap	OS
26	打印预览	Preview	PRE
27	定距等分	Measure	ME
28	定数等分	Divide	DIV
29	面积	Area	AA
30	距离	Dist	DI
31	显示图形数据信息	List	LI

续表

对象特性	名　　称	英 文 指 令	缩　写
32	显示顺序	Draworder	DR
33	图像调整	Imageadjust	IAD
34	附着图像	Imageattach	IAT
35	图像剪裁	Imageclip	ICL
36	插入 OLE 对象	Insertobj	IO
37	选择性粘贴	Pastespec	PA
功能键和快捷键	命 令 名 称	菜单或指令	快 捷 键
1	显示帮助	帮助/帮助	<F1>
2	显示文本框	视图/显示/文本窗口	<F2>
3	对象捕捉开关	状态栏/对象捕捉	<F3>（Ctrl+F）
4	数字化仪关	工具/数字化仪	<F4>
5	调整等轴侧平面	视图/三维视图	<F5>
6	DUCS 开关	状态栏/DUCS	<F6>
7	栅格开关	状态栏/栅格	<F7>（Ctrl+G）
8	正交开关	状态栏/正交	<F8>
9	栅格捕捉	状态栏/捕捉	<F9>（Ctrl+B）
10	极轴开关	状态栏/极轴	<F10>（Ctrl+U）
11	对象追踪开关	状态栏/对象追踪	<F11>（Ctrl+W）
12	动态输入开关	状态栏/DYN	<F12>
13	复制	编辑/复制	<Ctrl>+C
14	粘贴	编辑/粘贴	<Ctrl>+V
15	全部选择	编辑/全部选择	<Ctrl>+A
16	剪切	编辑/剪切	<Ctrl>+X
17	新建	文件/新建	<Ctrl>+N
18	打开	文件/打开	<Ctrl>+O
19	保存	文件/保存	<Ctrl>+S
20	打印	文件/打印	<Ctrl>+P
21	打开"特性"对话框	工具/选项板/特性	<Ctrl>+1
22	打开"设计中心"对话框	工具/选项板/设计中心	<Ctrl>+2
23	重做	编辑/重做	<Ctrl>+Y
24	取消前一步操作	编辑/放弃	<Ctrl>+Z

附录 2　3DS MAX 常用快捷键

视　图	名　称	快　捷　键
1	透视图	P
2	前视图	F
3	顶视图	T
4	左视图	L
5	摄像机视图	C
6	用户视图	U
7	底视图	B
8	视图的缩放	{}
视图控制区	名　称	快　捷　键
1	缩放视图工具	Alt＋Z
2	最大化显示全部视图，或所选物体	Z
3	区域缩放	Ctrl＋W
4	抓手工具，移动视图	Ctrl＋P
5	视图旋转	Ctrl＋R
6	单屏显示当前视图	Alt＋W
工　具　栏	名　称	快　捷　键
1	选择工具	Q
2	移动工具	W
3	旋转工具	E
4	缩放工具	R
5	角度捕捉	A
6	顶点的捕捉	S
7	打开选择列表，按名称选择物体	H
8	材质编辑器	M
坐标	名　称	快捷键
1	显示/隐藏坐标	X
2	缩小或扩大坐标	－、＋
其　他	名　称	快　捷　键
1	"环境与特效"对话框	8
2	"光能传递"对话框	9
3	隐藏或显示网格	G
4	物体移动时，以线框的形式	O
5	"线框"/"光滑＋高光"两种显示方式的转换	F3

其　　他	名　　称	快　捷　键
6	显示边	F4
7	选择锁定	空格键
8	撤销视图操作	Shift+Z
9	隐藏摄像机	Shift+C
10	隐藏灯光	Shift+L
11	隐藏几何体	Shift+G
12	快速渲染	Shift+Q
13	反选	Ctrl+I
14	打开文件	Ctrl+O
15	全选	Ctrl+A
16	撤销场景操作	Ctrl+Z
17	使用默认灯光	Ctrl+L
18	显示主工具栏	Alt+6
19	进入单独选择模式	Alt+Q
20	对齐	Alt+A
21	X 轴约束	F5
22	Y 轴约束	F6
23	Z 轴约束	F7
24	XY/YZ/ZX	F8

附录 3　Photoshop CS 常用快捷键

序　号	名　称	快　捷　键
1	显示/隐藏工具箱和浮动面板	Tab 键
2	大小写切换	Caps Lock 键
3	按住空格键，光标变为手形光标	空格
4	Help，帮助	F1
5	Cut，剪切选区图像到剪贴板	F2
6	Copy，复制选区图像到剪贴板	F3
7	Paste，从剪贴板复制到当前窗口	F4
8	Brushes，显示或隐藏笔刷面板	F5
9	Color，显示或隐藏颜色/色板/样式面板	F6
10	Layers，显示或隐藏图层/通道/路径面板	F7
11	Info，显示或隐藏导航器/信息/柱状图面板	F8
12	Actions，显示或隐藏历史/动作面板	F9
13	Revert，将文件恢复到最后一次保存过的状态	F12
14	Close，关闭当前窗口图像	Ctrl＋F4
15	创建新文件	Ctrl＋N
16	打开文件	Ctrl＋O
17	浏览	Shift＋Ctrl＋O
18	打开为	Alt＋Ctrl＋O
19	关闭	Ctrl＋W
20	存储	Ctrl＋S
21	另存为	Shift＋Ctrl＋S
22	保存为 Web 格式	Alt＋Shift＋Ctrl＋S
23	页面设置	Shift＋Ctrl＋P
24	打印选项	Alt＋Ctrl＋P
25	打印	Ctrl＋P
26	打印一份	Alt＋Shift＋Ctrl＋P
27	退出	Ctrl＋Q
28	后退	Ctrl＋Z
29	向前	Shift＋Ctrl＋Z
30	返回	Alt＋Ctrl＋Z
31	Rectangular marquee tool，选框工具	M
32	Move，移动工具	V
33	Lasso tool，套索工具	L

续表

序　号	名　称	快　捷　键
34	Magic Wand，魔术棒工具	W
35	Cropping tool，剪切工具	C
36	Slice tool，切片工具	K
37	Airbrush tool，喷枪工具	J
38	Paint Brush tool，画笔工具	B
39	Rubber Stamp，橡皮图章工具	S
40	History Brush tool，历史笔工具	Y
41	Erase，橡皮擦工具	E
42	Gradient tool，渐变工具	G
43	Blur/ Sharpen/Smudge tool，柔化/锐化/手指涂抹工具	R
44	Dodge/Burn/Sponge tool，减淡/加深/海绵工具	O
45	Path Component Selection tool，路径选择工具	A
46	Type tool，文本工具	T
47	Pen tool，钢笔尖工具	P
48	Rectangular tool，矩形工具等形状工具	U
49	Notes tool，注释工具	N
50	Eyedropper tool，吸管工具	I
51	Hand tool，手形工具	H
52	Zoom tool，缩放工具	Z
53	Delete，恢复前景/背景颜色工具	D
54	Switch，前景色与背景色切换	X
55	Quick Mask，快速蒙版模式与正常模式切换	Q
56	Screen Mode，屏幕显示模式切换	F
57	Zoom In，当前窗口图像放大一级，窗口大小不变	Ctrl+ "+"
58	Zoom Out，当前窗口图像缩小一级，窗口大小不变	Ctrl+ "−"
59	当前窗口图像和图像窗口同时放大一级	Ctrl+Alt+ "+"
60	当前窗口图像和图像窗口同时缩小一级	Ctrl+Alt+ "−"
61	图像按 1：1 显示	双击缩放工具
62	图像按最适合比例显示	双击手形工具
63	图像窗口放大显示	拖动缩放工具
64	将当前层下移一层	<Ctrl>+< [>
65	将当前层上移一层	<Ctrl>+<] >
66	将当前层移到最下面	<Ctrl>+<Shift>+< [>
67	将当前层移到最上面	<Ctrl>+<Shift>+<] >

参考文献

［1］ 于承鹤. 园林计算机辅助设计［M］. 北京：化学工业出版社，2009.

［2］ 常会宁. 园林计算机辅助设计［M］. 北京：高等教育出版社，2010.

［3］ 王子崇. 园林计算机辅助设计［M］. 北京：中国农业大学出版社，2007.

［4］ 邢黎峰. 园林计算机辅助设计教程［M］. 北京：机械工业出版社，2006.

［5］ 陈瑜. 计算机辅助园林设计［M］. 北京：气象出版社，2005.

［6］ 王玲，高会东. AutoCAD 2008 园林设计全攻略［M］. 北京：电子工业出版社，2007.

［7］ 陈敏，赵景伟，刘文栋. 聚焦 AutoCAD 2008 之园林设计［M］. 北京：电子工业出版社，2009.

［8］ 沈大林. Photoshop 7.0 基础与案例教程［M］. 北京：高等教育出版社，2004.

［9］ 徐峰，丛磊，曲梅. Photoshop 7.0 辅助园林制图［M］. 北京：化学工业出版社，2006.

［10］ 郑庆荣，刘亚利. 3DS MAX 8 基础与实践教程［M］. 北京：电子工业出版社，2006.

［11］ 周峰. 3DS MAX 8 中文版基础与实践教程［M］. 北京：电子工业出版社，2006.

［12］ 袁阳，马永强. 3DS MAX 8 中文版标准教程［M］. 北京：中国青年出版社，2006.